● 本书通过大量实例以及细致而循序渐进的实践环节设计,使读者逐步深入到撰写项目申请书这一领域。对于每个要独立争取研究项目的年轻人来说,这无疑是一本好的参考书或参考手册。我希望每个博士生导师能够用它或参考它来指导提高所带研究生的研究兴趣和能力。

——迟惠生,北京大学校务委员会副主任

● 撰写项目申请书是科学研究过程中的一个至关重要的环节。其目的不仅在于最终争取到经费资助,而且还在于让科学工作者在深入思考中对行将展开的工作做出慎重的选择,为工作的意义做出辩护,给与工作所针对的问题以试探性的回答,并由此设计有效的工作方案。本书就科研项目申请书的内在逻辑和写作技巧做了翔实生动的介绍。我相信这一译本的出版对国内的科学工作者,即便是那些富有经验的研究人员,都会有很多教益与启发。

——陈尔强,北京大学化学学院教授,
高分子化学与物理教育部重点实验室主任

U0401937

本书列入"十一五"国家重点图书出版规划

北大高等教育文库
·学术规范与研究方法丛书·

WRITING SUCCESSFUL SCIENCE PROPOSALS
(SECOND EDITION)

如何写好科研项目申请书
(第二版)

[美] 安德鲁·弗里德兰德　卡罗尔·弗尔特　著
郑如青　译
张 琰　陈尔强　审校

北京市版权局著作权合同登记　图字：01-2005-5020

图书在版编目(CIP)数据

如何写好科研项目申请书(第二版)/(美)安德鲁·弗里德兰德，卡罗尔·弗尔特著；郑如青译；张琰，陈尔强审校.—北京：北京大学出版社，2010.1

(北大高等教育文库·学术道德与学术规范系列读本)

ISBN 978-7-301-10678-5

Ⅰ.如… Ⅱ.①安…②卡…③郑…④张…⑤陈… Ⅲ.科学研究－项目申请书　Ⅳ.G31

中国版本图书馆 CIP 数据核字(2006)第 042478 号

Andrew J. Friedland & Carol L. Folt,
WRITING SUCCESSFUL SCIENCE PROPOSALS (SECOND EDITION)
© 2000, 2009 by Yale University

书　　　名：	如何写好科研项目申请书
著作责任者：	[美]安德鲁·弗里德兰德　卡罗尔·弗尔特　著
	郑如青　译　张琰　陈尔强　审校
责 任 编 辑：	周志刚
标 准 书 号：	ISBN 978-7-301-10678-5/G·1864
出 版 发 行：	北京大学出版社
地　　　址：	北京市海淀区成府路 205 号　100871
网　　　站：	http://www.jycb.org　http://www.pup.cn
电 子 信 箱：	zyl@pup.pku.edu.cn
电　　　话：	邮购部 62752015　发行部 62750672　编辑部 62767346
	出版部 62754962
印 　刷　 者：	三河市北燕印装有限公司
经 　销　 者：	新华书店
	650 毫米×980 毫米　16 开本　11.5 印张　80 千字
	2010 年 1 月第 1 版　2022 年 8 月第 11 次印刷
定　　价：	28.00 元

未经许可，不得以任何方式复制或抄袭本书之部分或全部内容。

版权所有，侵权必究

举报电话：(010)62752024　电子信箱：fd@pup.pku.edu.cn

目　录

中文版序言 / *1*

第二版前言 / *1*

前言 / *3*

致谢 / *5*

致读者 / *7*

第一章　入门 / *1*

第二章　署名 / *11*

第三章　基本的组织和有效的交流 / *19*

第四章　确立构思框架和意义陈述 / *27*

第五章　标题比你想的更重要 / *37*

第六章　用项目摘要引导读者 / *45*

第七章　目的、假设和具体目标：过于详尽的条目会令人疲惫不堪 / *61*

第八章　在引言部分奠定基础 / 71

第九章　实验设计和方法：你实际上将做什么？/ 83

第十章　为预期及预期外的成果作计划 / 95

第十一章　时间表应经得起现实的检验 / 101

第十二章　文献引用的数量和新颖性 / 107

第十三章　准备预算 / 113

第十四章　经费申请书的提交及追踪 / 121

第十五章　三"再"：再思索、再修改、再提交 / 127

第十六章　考虑私人基金会所资助的创新型研究 / 133

第十七章　"团队科研"解决复杂问题 / 143

第十八章　学术道德规范与科学研究 / 153

参考文献 / 159

英汉译名对照表 / 161

中文版序言

为何出版此书,以及如何使用此书,原著者在"前言"与"致读者"中均已交代得很清楚。我在这儿主要想说一下本书对于中国的在读博士生以及年轻研究人员的意义。

在国务院学位委员会的主持下,笔者近年来参加了由学位办组织的调研,认真分析了我国改革开放以来研究生教育的基本状况,特别是我国博士生的培养质量状况。其中很深刻的一个感受,是认识到为了培养具有创新能力的高素质青年科技人才,必须使他们通过各种训练打下扎实的基础,并发展卓越的能力。这些能力不仅能提高其研究工作的质量,而且对于其适应社会发展的要求也是至关重要的,国外称其为 transferable skills,即"可以转化的能力"。一些注重此类能力培养的共同实践是通过各个环节提供关于研究方法、学术写作、沟通技能、书写项目申请书、教学训练、时间及职业管理等方面的培训,相当多的单位还开设了这方面的课程。但总体上看,我国在这种培训的科学性和系统性方面还有改进和提高的必要。

本书通过大量实例以及细致而循序渐进的实践环节设计,使读者逐步深入到撰写项目申请书这一领域。对于每个要独立争取研究项目的年轻人来说,这无疑是一本好的参考书或参考手册。虽然书中是以美国为例编写的,但由于中国和美国在科研项目管理上存有许多相似之处,所以使用起来并无困难。认真的读者一定会从中得益甚多;即使对多次申请过研究项目的人,读一读也是有启发的。我希望每个博士生导师能够用它或参考它来指导提高所带研究生的研究兴趣和能力。

本书译者郑如青博士,上世纪末在美国高分子科学的顶尖大学(The University of Akron)得到了严格的训练并以优异的成绩获得了学位。回国后,她和她的先生陈尔强教授一直热心于对研究生提供有关能力培养方面的课程。现在,虽然她在北京大学国际合作部主管欧洲交流与科研国际合作,不再涉及高分子科学专业,但博士期间养成的能力和素质对其胜任现工作无疑起到了重要的作用。她还想再介绍类似的著作到中国,我预祝她取得更大的进步。

迟惠生

北京大学校务委员会副主任

2009 年 11 月

第二版前言

在十多年讲授项目申请书设计和写作课程之后,我们相信学生和研究人员对于项目申请书写作方面的参考书籍的需求会越来越大。撰写成功项目申请书的能力不仅对当代科学家来说非常重要,而且可以使学生在其训练阶段中尽早地了解何谓"做科研",这有助于提高他们的学习质量。美国国立卫生研究院(NIH)、美国国家科学基金会(NSF)及其他机构都积极鼓励将与科学调查以及研究发展相关的内容纳入到当前的本科生科学课程当中。尽管优秀的项目申请书没有统一的模板,但在成功的项目申请书中仍蕴涵着许多一致性的原则,了解这些原则越早越好。

我们非常感谢本书第一版所收到的反馈。读者们在本书第二版中将会注意到有关电子提交申请的重要变化和更新,以及新添加及修改的描述现今联邦标准和格式的文字。我们还增加了一章针对私人基金会来撰写项目申请书的内容,以及另一章有关多学科、多研究人员项目申请书的内容。我们还在多处建议研究人员可以通过找寻相应的配套资助来提高其研究的影响力,并为如何增加其项目申请书以及被资助工作的价值提供了参考意见。我们希望,你会认同第二版在保持第一版的简洁风格时增加了有价值的新信息和实例。

前　　言

　　科学研究工作最具挑战性的一个方面就是将以往的工作、现有的发现和最新的假设整合于研究项目申请书中,以进一步加以研究。从创造性的构思到详尽的设计、对数据的预期分析、对结果的综合以及对预算的估计,这样的研究项目申请书集合了科学研究的方方面面。由于经费申请是科学研究过程中的一个关键环节,因而其撰写是"做科研"最激动人心的部分之一。如果你正计划从诸如美国国家科学基金会(NSF)、美国环境保护署(EPA)等主要基金会或者私人基金会申请经费,或者以一名研究生或大学生的身份撰写项目申请书以从事研究,这本书对你来说应该是有价值的。

　　许多高等教育机构都提供有关项目申请书写作的研究生课程,并且在本科生科学课程设置中,与研究设计相关的内容也日益成为必不可少的。考虑到这一主题对未来的科学家十分重要,我们达特茅斯学院生态与环境学系的全体教员感觉到有必要给研究生开设一门科学计划设计和项目申请书写作的课程。1994年开始教授这门课程时,我们发现没有专门讲述自然科学科研经费申请的教材,因此我们决定根据自己的讲课经验写一本有关这方面的书。我们希望这本书不仅对学生有价值,同时也有助于提高研究人员中的新手撰写项目申请书的技巧。

  本书对如何构思和制订研究计划提供了指导,并对如何以标准格式来组织和展示材料作了详细说明。我们提供了全面的组织框架,并列出了优秀的科研项目申请书的各组成部分。在开始撰写前,你必须对你的研究有清晰的思路或概念。然而,写作这类科研项目申请书没有秘诀。每项科研经费的申请必须根据资助方的具体说明或研究生委员会的指导进行调整。

  撰写研究项目申请书的目的多种多样,它们所呈交的机构和教员委员会也不相同。我们关注那些征求自然科学方面的项目申请书的机构,包括美国国家科学基金会(NSF)、美国国立卫生研究院(NIH)、美国环境保护署(EPA)、美国林业局(USFS)、美国地质勘探局(USGS)和一些私人企业、私人基金会以及学术委员会。我们所介绍的样式同样适用于呈交给加拿大国家研究委员会、北约组织(NATO)科学和环境事务署以及世界范围内其他资助机构的科研项目申请书。

  有多种方式可以撰写出优秀的项目申请书,在这里我们介绍一种被我们自己、学生和同事成功使用的模式。在写作这本书的过程中,我们请教了众多学科的自然科学家,并采纳了他们的观点。同事间的讨论、我们获得的来自不同领域的成功的申请书以及学生们的想法对我们来说都是特别有意义的。如果你参考本书撰写并提交了项目申请书,或者将其作为教材,请告知我们你的进展情况。我们期待听到你的意见!

致　　谢

我们感谢许多学生、同事、导师、评审人和计划主管。多年以来,他们为我们的许多项目申请作出了贡献,或直接参与到了这一计划之中。在我们写作本书的过程中,很多人慷慨地与我们分享他们的观点、经验和建议。我们希望下面的名单能够包括大部分与我们进行交流的人员,如有疏漏之处,请接受我们诚挚的歉意:John Aber、Victor Ambros、Matt Ayres、Joel Blum、Doug Bolger、Christine Bothe、Rick Boyce、C. Page Chamberlain、Celia Chen、Ann Clark、Jim Coleman、Hany Farid、Marcelo Gleiser、Mary Lou Guerinot、Nelson Hairston, Jr.、Dick Holmes、Mary Hudson、Tom Jack、Kevin Kirk、Jon Kull、Eric Lambie、Jane Lipson、Pat McDowell、Mark McPeek、Frank Magilligan、Eric Miller、William North、Jerry Nunnally、George O'Toole、Bonnie Paton、David Peart、Bill Reiners、Jim Reynolds、Roger Smith、Richard Stemberger、Judy Stern、Amy Stockman、Ross Virginia、Richard Wright、Wayne Wurtsbaugh、Ruth Yanai 以及四位匿名评审人。

我们要特别缅怀我们亲爱的同事 Noel Perrin 和 Donella Meadows，他们两位在本书第一版出版后辞世，他们针对出版方面的指导和建议非常有价值。Lisa Clay、Carrie Larabee，特别是 Susan Milord 提供了许多想法以及编辑和技术方面的支持。Magaret Dyer Chamberlain 提供了很多漫画以备我们参考。最后，我们感谢 David Peart、Noel Perrin 以及两位匿名评审人对我们原稿每一版的细致阅读，感谢 Heidi Downey 在编辑事务方面富有价值的帮助，感谢 Matthew Laird 在后勤保障方面的协助，以及本书编辑 Jean Thomson Black 的支持、热情及付出的辛劳！

我们还要感谢这本书的众多读者，他们给了我们重要的信息和鼓励。其中一个最值得称道的意见是希望第二版能在内容上保持简洁！我们希望我们已遵循了这条建议。

致 读 者

你可以采用以下两种方式阅读本书：在项目开始前完整地阅读本书；或者按照您的项目申请书的进展情况逐章阅读，但不一定依序阅读。以下列举了在准备科研项目申请书的过程中你期望实现的许多目标。

- 确定和描述所研究问题的构思框架。
- 回顾与所研究体系以及相关体系有关的理论和实验文献。
- 根据构思框架以及已有的理论工作和实验工作来描述总的研究问题。
- 制定一系列简明扼要的假设或具体目标来解决总体问题。
- 设计研究方案以检验每个假设和目标。
- 发展一些方法和技术来对结果进行检验、分析和综合。

- 对每一部分研究所得到的可能结果进行评估,并考虑每种可能性的后果。
- 把这些部分综合成一个连贯的、精确的、简练的并且激动人心的项目申请书。
- 把项目申请书呈交给合适的机构或评估委员会。
- 对项目申请书的评审意见给出建设性的解释和回应。

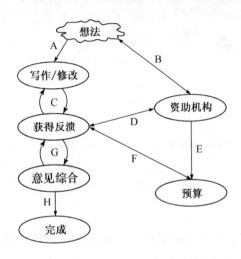

一个想法启动了项目申请书的形成和撰写过程,但有时某个特定机构对项目申请书的征求也可能会影响或促成某个项目。从最初落于纸面上的想法开始,作者可依据科学家、资助机构的人员以及机构或预算的指南和规章所提供的信息对项目申请书进行修改。在协调了所有意见和反馈后,作者将提交终稿。

这本入门书的各章节想要说明如何实现两个目标:帮助形成研究设想,为经费申请书的写作提供详细的指导。本书的介绍顺序与我们"科研项目申请书的设计与写作"课程的顺序一致,也与我们设计自己的研究项目申请书的顺序相同。我们首先讨论了科研项目申请书的一般类型,与你分享一下关于撰写研究经费申请的想法(第一章和第二章),然后概述项目申请书的基本要素以及项目申请书的各种类型(第三章)。我们接着介绍了构思框架(第四章)以及如何在项目申请书中简洁明了地指出该项研究的意义。在第五至第十三章中,我们介绍了标准的项目申请书中所包含的具体要素的要求和结构(概要、背景、方法、预算)。在第十四和第十五章中,我们介绍了提交和追踪项目申请书以及修改和再提交的一些问题。在第十六和第十七章(第二版的新内容)中,我们讨论了如何向私人基金会提交项目申请书以及对那些涉及了多学科、多位研究人员的项目申请书的具体要求。最后,我们还与您分享科研道德方面的一些观点(第十八章)。

第一章

入　门

第一章

本文

在过去几年中，撰写清晰、简洁、明了的经费申请书已变得日益重要。不断增加的具体要求以及更加细致的审查已对项目申请书写作提出了更高的标准；我们希望这对于新手以及有经验的项目申请书写作者来说仍是愉快的且有教育意义的体验。

对某些科学家而言，设计研究方案同样意味着探索、预期和无限的机遇，正如新学年的第一天一样。因此，科学家们愿意为之努力尝试。当你开始撰写研究项目申请书时，我们建议你：

从大处思考。从最广阔的视角来考虑问题。对于那些基础性的重要问题，发挥你的想象力，找到创新性的解决方案。如果你在一开始就从小处着眼，那么当你结束时，你会发现你的工作更加微不足道。

避免井蛙之见。将那些需要进行多年研究的计划纳入考虑。享受充满丰富创造力的时光，至少在那一刻，让思维超出你所研究的领域去自由驰骋。

梦想。梦想着自己解决了重要的问题，取得了与众不同的成就，写出了意义重大的论文以及有新的发现。

从容工作。伟大的想法不会在三十分钟内出现。在设计一项研究计划时，要有花费大量时间的心理准备。事实也的确如此。

规划一项研究计划的压力可能是很大的。当过于在意别人对我们工作的看法时，我们就会产生焦虑。当我们错误地相信一切都依赖于某项具体计划的结果时，就会时时产生不安的感觉。人们常常会为他们的导师或同行将怎样评价自己而感到烦恼。他们对自己所研究的问题心存疑虑："我所考虑的问题是否重要到足以让我保持兴趣并保证在多年后还会吸引我的注意？"他们对结果不甚确定："我的研究想法可行吗？""它能够发表吗？"试着不要过于关注这些问题。许多人在面临选择研究问题的压力时都会感到焦虑。

减少与撰写科研项目申请书相关的不确定感可以培养兴趣和鼓励创新，而兴趣和创新是科学和研究设计工作的核心。这里有一些简单的步骤可以帮你轻松渡过这个阶段：

● 确定与项目申请书相关的任务。在开始阶段，不要把任务表列得太长，覆盖面过大，否则容易使人泄气。

● 为项目申请书的撰写工作设定时间表或制定策略。试着从你的最后期限往前推，合理地得出完成某项具体任务的时限。确保自己有充裕的时间。

● 尽早完成某些工作。尽快完成一些任务。在学期开始时，我们就会给学生一些短期任务和长期任务的最后期限。（我们将在本章里举例说明。）

● 记住最好的项目申请书是建立在最好的科学研究上的。有效的项目申请书需要坚实的科学基础。构建并清晰表达问题的逻辑框架是成功而有力的项目申请书的关键要素。因此，把时间花在形成想法上是很值得的。一些研究者认为，最善于解决问题的人是那些懂得从一开始就抓住正确问题的人（这常常不容易做到）(Runco 1994, Proctor 2005)。

● 放松，并为改变做好准备。没有什么是一成不变的。在撰写项目申请书的过程中，对每一个问题都要反复考虑。

第一章 入门

入门练习

我们使用三套入门练习,包括评价他人的项目申请书、完成管理和技术工作、构思研究的概念性框架。这些任务不是单独完成的,而是同时进行的。

评价他人的项目申请书。得到公认的科学家们通常需要评审学生和同事的项目申请书,这是同行评议工作的一部分。这使得他们了解优秀的研究项目申请书的范围和尺度。评估他人的项目申请书对于了解科学和关注研究背后的广阔内涵和方法也是一种有效的方法。通常评审人在审阅完项目申请书后会将其销毁,但大多数科学家无论申请成功与否都会与他们的同行及学生一起分享他们的项目申请书。需要同事帮助时千万不要犹豫。

在阅读项目申请书时,应参考以下几项主要标准:科学内容、想法和方法的创新性和范围、结构及格式、清晰度及行文风格。NSF 或其他资助机构的评审人员在评估项目申请书时可能需要考虑下列几点:该问题在科学上的重要性、该研究对于普通大众的一般含义、假设的严密性或所研究问题的可检验性、研究设计的可行性、研究者的资格以及用于该研究的设施适宜性。

上课时我们首先讨论我们写好的项目申请书或者同事们提供给我们共享的项目申请书。针对标题、项目概要(或摘要)、意义介绍部分,我们要求学生讨论该作者是否令人信服地表明了其观点。我们讨论方法、图表及其风格,并考虑该项目是否能引起我们的关注。在某些问题上,我们会将每份项目申请书与我们曾看过的其他项目申请书进行比较。这种讨论意味着一个起点,最终每个人都将对如何评估项目申请书形成自己的风格、方法和尺度。

完成管理工作。完成管理及技术工作是入门的另一种有效方法。首先阅读那些有可能资助你的资助机构或基金会所提供的有关项目申请书的指南和要求，或你所在部门的指南。你应当尽早地整理出终稿中关键部分的简要提纲(参见第三章)。考虑每一部分的最佳长度，这项工作应该比较轻松，因为你很快会发现大多数经费申请书通常都很精练——向 NSF 呈交的申请文件最多不得超出 15 页单倍行距的打印纸，其他的许多机构也有同样的页数限制；而另外一些申请书，如 NSF 的某些计划提供的学位论文提高专项基金的申请，则会要求更短。

另一项重要工作就是确定各个机构的经费申请程序。需要考虑以下问题："我要完成哪些文字工作？""哪些需要签字？""要去哪些部门？""需要多长时间？""这些机构在预算、管理费用、成本分担方面有何规定？""哪些方面需要特别许可？"(如动物关爱以及使用人作为受试者。)这些看似平常的事情其实是很关键的，因为糟糕的计划可能会导致最终期限临近时的混乱状态，更糟的是，甚至会错过最终期限。尽早地与你所在机构的经费负责人讨论。接受有经验的同事的建议也将最终为你节省大量的时间。

大多数资助机构已经或者正在开始接受电子提交并进行电子经费申请处理，例如，NSF 的大多数计划需要通过一个叫做"快速通道(FastLane)"(www.fastlane.nsf.gov)的程序进行电子提交。NSF 的某些计划和其他联邦经费的大多数计划接受通过 Grants.gov(www.grants.gov)提交的经费申请，这一网址已成为所有 26 个联邦资助机构中的百余个计划的电子申请主要入口。这些计划允许研究者在互联网上准备和提交项目申请书，包括图片、表格和预算等，它们还允许多个作者对同一文件进行操作。电子提交节省了昂贵的处理工作和书面工作，并且无须实际投递项目申请书。在你为了向可能的资助机构提交项目申请书而搜集信息时，请务必了解电子提交方面的要求。

<u>为您的项目申请书构思概念性框架</u>。构思您的研究是准备项目申请书中最重要的一步。一些人在真正开始写作前已经构思了几个月甚至几年；而另一些人，尤其是学生，只有当他们被要求写作其第一篇研究项目申请书时才会把自己的想法集中起来。在我们的项目申请书写作课上，我们用几周时间讨论如何对总体构思进行简明阐述，以使这些构思能够为广大科学读者所理解（参见第四章至第七章）。该部分是项目申请书其他部分的基础（参见第八章和第九章）。

了解你的读者

经费申请书的写作目的多种多样，并可以呈交给许多不同类型的机构。在你开始写作前，要考虑你的研究目标是否适合目标机构。这些机构有各种理由宣布其项目申请书要求（Request for Proposal, RFP）或设立一个定期接受项目申请书的项目。在本书中，我们将重点关注联邦资助机构，如美国国家科学基金会（NSF）和美国国立卫生研究院（NIH），以及私人企业和基金会。我们将着重讨论基础研究项目申请书，研究者在其项目申请书中会陈述其研究问题和目标。然而，这些机构有时会设定目标并要求项目申请书能够针对特定的目标、研究目的或提案。因此，我们把项目申请书分为两大类：

1. 基础研究类项目申请书（主动递交的研究项目申请书）。这类项目申请书通常须为解决基础科学问题提供新观点或方法（参见第四章）。

2. 任务导向型或计划发起型项目申请书。这类项目申请书的研究主题或目标由资助机构、企业或基金会指定。

通常情况下，研究主题明确的项目申请书比基础研究类项目申请书的自由度要小。由于需要评估项目申请书完成具体任务的可能性，所以强调的重点是方法、完成项目的能力、资质、预期成果及完成项目所需的时间。（这些标准对基础研究类项目申请书也很重要。）

这两类项目申请书通常由长期的和新发布的项目申请书要求(RFP)或申请要求(Request for Application, RFA)，或其他意图的公告所征集。RFP会具体指明哪些类型的活动将为特定机构所资助。有必要仔细阅读RFP，并在申请书撰写计划尚未进展太多之前与那些曾与该特定机构打过交道的同事讨论。

一旦你确定了具体的项目计划或机构并熟悉了RFP和其他规定，应与该计划主管或负责人（即在该计划中主管拨款评估的人）进行沟通。如果没有明确的问题，不要打电话。避免像"你们为哪种项目申请书提供资助？"这类开放式的问题，在交谈中要做好笔记。讨论你的项目目标和一般形式，并提出诸如以下的问题："我所提出的研究计划是否符合你们计划的要求？""你认为是否有相关的计划更加适用于评估我的项目？"你还需要向计划主管了解一些关于成功申请经费的不成文的要求。例如，你可能希望通过比较世界不同地区的数据来说明一个问题，但是该机构却仅对某一地区的问题感兴趣。计划主管可以解释有关计划范围方面的问题。务必要询问对花销、购买设备和研究人员工资的限制，以及财务方面的其他规定（参见第十三章）。

向计划主管询问有关评审过程的问题也是恰当的。找出将会评估你申请书的科学家的一般背景材料。通过了解你的读者，你就能够预测问题并在项目申请书中阐述他们可能关心的问题。对于那些跨学科的项目申请书而言，这点尤为关键。当从事跨学科研究时，你需要说明各学科所关注的问题。与计划主管及相关领域的科学家进行沟通会为你节省很多时间和精力,甚至可能决定申请的成败。

入门的其他练习

● 有些任务一到两天就可以完成,有些任务却需要花费大量的时间。请将前者从后者中区分开来。

● 找出至少一套项目申请书指导方案。你可以联系学校里负责经费申请和管理的办公室,在网上寻找资助机构的指南,或者咨询同事或指导教师。参见附录2中各资助机构的网址。

● 开始确定项目申请书终稿中所需的具体部分,并列出它们应该包括的要素。

● 从资助机构网页上下载已被资助的项目申请书的摘要。

第二章

署　名

对研究的责任应贯穿在从构思及完成项目申请书一直到所得数据的发表及将来的研究成果使用过程中。项目申请书的作者是承担该责任以及项目申请书中的想法、方法和最终结果所带来的声誉的人。有时写作是共同完成的,项目申请书的共同作者通常共同署名发表论文。由于学生常常认为署名是一个困难且不确定的课题,所以我们在项目申请书写作课程伊始就对此进行讨论。

有关署名问题,需要考虑两个关键因素:

● 重视研究中涉及的所有问题。需要了解科学研究的设计、操作、分析和写作的组成部分。充分确认支持信息、衍生的想法以及合作者的来源。随着这些了解和确认的进行,有关作者署名权的归属将会得到妥善的解决,误解的几率也会更小。

● 讨论工作预期。事先确定对每个作者和合作者在完成项目申请书以及日后研究实施过程各阶段中的具体预期。这也包括研究项目成果发表的署名和修改问题。

在开始阶段设定预期

坦诚地分享想法,得到同事的建设性批评评价以及从这些争辩中修正自己的方法和观点,这些都是推动科学进步的最佳途径。科学总是在某种程度上需要协作,因此它也需要合作者之间的信任和理解。要慷慨地向别人反馈自己的想法,你也将从中受益。不要因为担心别人抢走你的想法而破坏与合作者及同事间的关系。要想避免合作和署名中的问题,最有效的办法就是在一开始即明确对该项目中各成员的预期。

谁是第一作者以及第一作者要做些什么? 项目申请书或论文的每位作者要为研究项目承担智力、道德和资金方面的责任。被资助项目的第一作者即项目负责人(the principal investigator, PI)对项目负有首要责任,正如科学论文的第一作者通常对整体设计、执行和结果解释负有首要责任一样(参见 Day 2006)。第一作者常常要做大量的与项目构思及实施有关的工作,尽管某些项目是由一个人构思而由另一些人实施和开展的。正如 Day 所指出的,约定俗成的作者(可引申至研究人员)顺序是根据领域不同而有所变化的。由于特定领域中的惯例,项目申请书中的 PI 在出版物中可成为最后一位作者。如今,许多期刊要求项目申请书或论文能提供每位作者的相关信息以及他/她的贡献(构想问题、进行实验、分析数据、撰写草稿)。

对于某些项目申请书来说,第一作者以及合作者的有无是由资助机构或评审委员会所指定的。例如,由研究生提交到论文委员会的论文研究项目申请书通常只署该学生的名字,尽管其导师通常对此申请书进行了指导。而日后基于这一工作而向外部机构提出的申请很可能是学生和导师共同完成的。某些资助计划(如 NSF 的学位论文提高专项基金)要求项目 PI 须是研究机构或经承认的学院或大学的教员。该政策确保了申请人受过科学训练、具有相关经验并附属于管理该项目的机构;同时也确定了承担资金和道德责任的个人和机构。这些要求通常会在描述具体经费申请资格的部分予以讨论。

资源与合作者。除了"明显的"合作关系（例如导师与学生之间，长期研究合作者之间，以及共同作者之间），当研究中需要某研究人员的专门技术时，他通常作为共同研究人员被添加至项目申请书中。如果你与某人闲谈时无意中提出了一个好想法并被他/她采用了，你也应该被感谢。你可能在致谢中出现，但是你的建议可能还不足以使你在项目中获得署名。乐于交流的科学家总是会对他人的研究提出建议；如果你的建议足够好，那它们就会被频繁采用，但是它们可能很少带来合作关系。

成为经费申请的共同研究人员通常意味着在想法、设计、执行、数据分析及未来成果发表等方面的长期贡献。虽然每种情形需根据具体情况而定，但是较早对这一问题进行讨论是很有必要的。

感谢所有参与研究的人，将荣誉赋予应得的人

即便项目申请书尚在写作过程中，你也应讨论可能的出版物的署名问题。这种讨论是基于以下预期：该研究将被认真地对待，很好地实施，非常有意思并得以发表。你和你的合作者可能会在研究设计完成后再多次讨论这一问题。

为了公平对待各人的贡献并且确定最终发表时的署名，你必须认识到对该科学研究所作出的所有贡献的意义大小。这种认识对于撰写项目申请书、决定怎样以及何时完成任务也是至关重要的。缺乏经验的研究者可能会觉得最重要的贡献来自于那些亲自收集数据的人。尽管数据收集很重要，然而参与以下这些方面的工作对研究成果可能更为关键，这可引出最终论文的第一作者：

- 确定研究的主题和重要问题
- 阐明研究的理论基础

- 设计有效的研究方案
- 样品分析
- 数据分析
- 文件写作

如果你和你的合作者事先讨论了署名问题,你们就会避免日后的误解。这种讨论还可能有助于决定谁将在项目中承担关键性工作以及项目完成的进度,这些将有利于研究取得成功。

没有人拥有全部构思,不是吗?

研究旨在分享,而非占有。然而我们就谁将使用项目数据以及发表结果都会有些设想。通常,项目研究人员是唯一可以首次使用和发表数据的人。在结果发表之后,它们可以被任何正当引用该工作的人所使用。越来越多的资助机构要求研究人员通过网络或应要求公开数据。而有些机构则要求即使是没有正式发表,数据也应在一定时间期限内予以公开。

不同的学科有不同的规则和做法。有关知识产权和专利方面的规则适用于某些科学领域,但在另一些领域就不适用了。如果你对于计划实施的想法、技术或者仪器的所有权问题有任何疑问,务必要在项目进展深入之前与你所在研究机构的经费管理办公室联系。如果合作者没有预计到所申请的项目完成后会出现与研究和数据相关的问题,那就会出现麻烦。在合作项目开始之前,与学生、博士后以及其他助理研究员讨论这个问题是特别重要的。下面的例子说明的是一种普遍的情形:在项目的主要研究者(例如研究生、技术员或助理研究员)离开实验室后该项目仍属于该实验室(即,在特定的实验室导师或 PI 名下)。

纵向研究(即对特定个体或地点进行长时间的跟踪研究)。长期追踪研究的价值随时间的推移而不断增加,最初的数据库常常会引发另外的研究。长期追踪研究数据库的事例包括:对个体接触某种变化因素(如污染物、药品、危险品)后的观察;对小块土地上的树木从树苗到长成阶段的观察;对癌症记录的反复分析;或者对土样或沉积物的反复调查(或许每十年一次)。大多数情况下,设计、准备经费并进行最初研究的研究者会继续维持该研究场所或跟踪研究中的个体。因参与某特定目的的项目而使用原始场所或个体的学生或共同研究人员不应想当然地认为今后使用相关数据和资料的权力是得到保障的。

<u>实验室研究体系</u>。在某些领域中,学生和博士后往往对特定的体系进行研究(如特定的基因或基因产物),这些体系已经由同一实验室中"上几代"研究人员鉴定、描述和制造。在这些实验室里获得培训的科研人员,往往在他们离开实验室时将项目留下;当供职于别处时,他们又开发新的体系(不同于他们的论文工作)。

<u>技术及仪器发展</u>。对许多科学家来说,开发新技术以及将尖端仪器应用于新问题中是首要的研究目的。不应认定,使用这些技术或者依靠他人开发和维护仪器设备的人,将来一定有可以使用这些技术或仪器的权利。

我们希望你能提前和导师、同事及合作者讨论这个问题,了解各领域的常规做法。如果你对前景感到不安,应在项目早期与合适的人进行讨论。不要想当然地认为你可以现在同意,以后再改变想法。

我们中的一员就曾经与五个研究生及教员共同参与一个大项目。在项目早期,我们对每个人所负责的领域进行分配,包括做研究、写作和修改等,我们甚至写好了将来发表论文的可用标题,并列出了我们欲发表论文的杂志名称。五年后,许多工作已完成了,论文也写出了大部分,关于每篇论文的第一作者几乎没有异议。我们认为达成这种一致的部分原因是:在项目早期我们就明确了项目不同部分的"所有权"。

关于署名的练习

考虑项目申请书和论文的署名,最好的准备是与导师或同事就该问题进行交流。关于这个问题,我们每年都为研究生组织研讨会,与会者常常深受启发并对此饶有兴趣。

阅读下列情形,说出你对合作或最终署名的想法。

- 为了在一个你所熟知的体系中进行检验,你设计了一系列假说。在一次非正式的部门会议中你提出了自己的观点。一个同事提及某一篇文章,其中涉及你所感兴趣的适当方法。你该怎么办呢?如果你在最后的设计中使用了该方法,你的同事对如何得到承认会有何种期待呢?

- 现在,假设这样一种情况:进行该实验的方法尚不存在,或者需要一位同事来开发一种方法。在这种情况下,假定该同事向你建议了一种合适的方法,或者她宣称能开发一种方法来满足你的需要,你又会怎么做呢?如果你在最终的设计中使用了她开发的方法,你和你的同事将如何承认她的工作呢?

- 最后,设想这样一种情况:在与某个同事数周或数月废寝忘食的讨论之后,你得到了一系列验证假说的方法。但是,在同事给予你多大帮助的问题上,你们的理解有所不同。这样很容易产生误会,你该如何处理?

第三章

基本的组织和有效的交流

很多初学者认为很难确定项目申请书的组织结构。项目申请书中的章节数目和那些必须包含的不同类型的信息可能是巨大的。尽管一份优秀的项目申请书的关键要素是合理的科学，但是有效的组织会使该项目更有科学的说服力。

一些资助机构对项目申请书格式的规定比较灵活，而另一些则要求各部分按照特定的次序进行安排。我们在本章所推荐的格式基于NSF在其经费申请指南（Grant Proposal Guide）中所建议的格式（目前该指南被 NSF 称作 GPG，NSF 08-1[2008年1月]；请务必使用最新版本）。

有效组织和交流的五个原则

有效的交流会明显提高你成功的机率。如果你的语言清晰简练，文字组织合理，你的观点就会更好地被人理解，它们的重要性也会更加明显，而评审人的意见也就会更加有用。我们建议按以下五个原则来阐述你的观点：

- 组织
- 强调
- 引导
- 聚焦
- 统一

组织完好的文件更易于被接受和理解。在项目申请书的开始部分就应强调你的最重要的观点。这样就会引导读者关注你认为最关键的问题,从而增强你的影响力。不要强调那些对研究来说不太重要的问题,也不要遗漏那些关键的信息。尽可能地将读者从大的背景引导到你所研究的具体部分,然后聚焦该主题——避免那些弱化或冲淡你的主题思想的信息。通过引导和聚焦,使评审人认定你的项目申请书以最有效和富有逻辑的方式解决了你所提出的问题。在项目申请书(常常也在每个章节)的开始部分向读者提供一份"指引图",引导他们朝你所希望的方向思考。最后,要使你的表达和项目的中心目标统一起来(有关统一的重要性,我们在第十七章有进一步的讨论)。

组织一份针对 NSF 的项目申请书

NSF 是一个独立的联邦机构,担负促进和提升美国在科学和工程学方面之学术的责任。近十年的前期,该基金会每年受理的申请超过四万项,而每年批准资助大约一万一千个项目(NSF 经费申请指南,2004,第 2 页)。可见,只有 20% 甚至更少的项目申请书得到了 NSF 的项目资助,因此可以说竞争十分激烈。

NSF 免费提供的"经费申请指南(GPG)"对项目申请书写作而言是一本非常实用的文献。即便项目申请书并非提交给 NSF,该指南对于任何撰写项目申请书的人都是很有价值的,因为它清楚地指明了典型的研究项目申请书要求。想要得到 GPG,可登录 NSF 网站: http://www.nsf.gov。

提交给 NSF 的项目申请书有很多种,但我们在此只关注所谓完整的项目申请书。这些是向 NSF 提交的基础性研究项目申请书,其主题范围(所谓"大类")涵盖地球科学、数学和物理学、工程学、生物科学、社会学、行为学以及经济学等。在这些大类及其他大类中包括约 250 个计划(例如,在生物科学大类中包括分子和细胞生物学部门,还有细胞生物学计划;而在地球科学大类中包括地球科学部门,以及关于水文科学的计划)。

NSF 指出:"项目申请书中应说明:(1) 所申请项目的目的及其在科学、工程学或教学上的意义;(2) 所使用方法的恰当性;(3) 研究人员和项目承接人所在组织的资格条件;(4) 该研究对科学、工程学和教育的基础设施的影响;以及(5) 所需资金的数额。应当阐明所申请项目的价值,并要像准备公开发表的文章那样详尽细致地准备项目申请书。"(GPG,第 1—4 页)

请注意,NSF 的声明中并没有规定项目申请书的具体组成部分或特定的顺序,但是它强调了其评审人评估申请书的关键标准:

- 你的研究的整体意义(第 1 项)。
- 你申请经费理由的说服力(第 1 项及第 5 项)。
- 科学合理性、重要性、可能的深远影响、研究人员的资格条件,以及该项目对某一学科研究进程可能的提升作用。

当提交评审意见时,所有为 NSF 评审的人员的评估和推荐需满足两个特定的价值标准(GPG,第 III—1 页):

价值标准 1:所申请项目的学术价值体现在哪里?评审人需要明确所申请项目较之该领域现有知识有何种提高,对进行该项目的研究人员的资格条件进行评价,并确定该项目的观点是否新颖、原创以及比其他寻求资助的申请更值得获得资助。

价值标准 2:所申请项目的广泛影响体现在何处?评审人需要讨论所申请项目如何增进"发现和理解,同时促进教学、培训和学习"。评审人还需回答所申请项目将如何扩展"未被充分代表的群体的参与",及其改进设备、仪器、网络和合作的程度。评审人还要对成果广泛传播的方式以及其为社会带来的益处进行评价。

"典型的"NSF 项目申请书通常包括按以下顺序列出的几个部分:

1. 项目概要(或摘要)
2. 目录
3. 项目描述(这是项目申请书的主要部分,NSF 对其内容的先后顺序无特别规定)
4. 参考文献列表
5. 研究人员简历
6. 预算
7. 研究人员目前及待定的资助情况
8. 对设备、仪器及其他可用资源的描述

其他的机构可能会有不同的具体要求,但大多数的要求都几乎一样。各机构就项目申请书各部分的细节或重点(如实验步骤)的要求也各有不同。而且,少数机构还会要求一些额外的内容,如质量保证信息、特别许可或合作协议等。你需要从资助机构的计划主管那里得到这些信息。

有些计划要求特别的标题及固定的介绍顺序。对于 NSF 来说,已规定了总的顺序,但在项目申请书的主体部分中,申请人可自由选择各部分的实际内容、名称及布局。如果你的项目申请书是再次提交的,许多评审小组还会建议或要求在项目申请书的主体部分加入"再次提交答复"(参见第十五章)。这些部分通常是非常有用的。

以下所示为常见的项目申请书各部分的一个提纲(具体介

绍见接下来的章节)。一些作者并不使用所有这些部分,而另一些则使用更多的部分。不妨请那些获得经费的同事或导师允许你阅读他们的成功项目申请书。在下面的提纲中,括号内列出了本书中的相应章节。

项目概要(第六章)

目录

Ⅰ. 项目描述
　A. 先前获资助项目所得结果(第八章)
　B. 问题和意义介绍(第四章)
　C. 介绍和背景(第八章)
　　● 相关文献综述
　　● 初步数据
　　● 概念模型或经验模型
　　● 研究手段或新方法的恰当性
　D. 研究计划(第九章);
　　● 研究设计概要
　　● 目的、假设和方法(第七章和第九章)
　　● 分析和预期结果(第九章及第十章)
　　● 时间表(第十一章)

Ⅱ. 参考文献(第十二章)

易犯的错误

概念上最容易出现的问题可能是没有明确工作的整体意义,或是没有使其与你的特定项目建立起逻辑联系。另一种典型的错误就是在复杂的细节或你已有的研究成果上浪费太多篇幅。除非这些细节或研究成果与你拟开展的研究有关,否则评审人不会注意它们。其他常见的缺点包括:无法建立可验证的假说或可确认的目标；假说或目标太多；糟糕的分析或统计方法；粗劣的实验设计；不重要的问题；虽有一个好的大背景，但其问题缺乏适当的检验；项目对时间和经费要求过高；研究能力和资格不够等。最后，要尽可能地避免程序上的错误。大多数的这种问题都是显而易见的，但也很关键。例如，要避免拼写错误、错引文献、文本中标号错误，这些会使评审人反感。要遵循所有分页长度的要求。使文件清晰、有逻辑、外观宜人，以及尽可能地有利于阅读。当你头脑中有这些具体问题时，你可再次去评价他人的项目申请书并审视自己的，这对于整个写作过程都是有益处的。

第四章

确立构思框架和意义陈述

人们往往根据所理解的重要性来评判科研项目申请书。无论你的项目申请书是写给NSF、美国心脏协会、地方环境保护协会或学位论文委员会，这点都是确凿无疑的。每一位负责资助或管理科研的人都会不可避免地问到：是什么使得这个研究计划如此"重要"？如果你不能回答这个问题，那么就应该停止写作，继续思索。

我们所咨询的所有科学家都认为，在开始阶段确立项目申请书的意义、目的、假说、目标或问题是很值得的。请记住，令人信服的问题对成功的项目申请书来说至关重要。

好的研究有四个基石：

- 重要的问题
- 最佳和最适当的方法或手段
- 恰当的分析以及对结果的应用
- 综合并及时传播结果

在本章中，我们为构思并确立上述第一个基石提供建议。并且，对于写作引人注目的意义陈述并巧妙地将其安排在研究计划的合适位置，我们在此也给予了简单的指导。

意 义 陈 述

在项目申请书的意义陈述部分，我们通常要着重交代研究拟解决的问题及其合理性。很多科学家认为这是研究项目申请书中最重要的部分。一份写得很好的意义陈述能够突出强调研究项目的基本价值,所以许多作者从意义陈述开始写研究部分(参见第三章)。这部分应与紧随其后的研究的具体目的、目标、问题或假设相关联(这一点将在第七章中进行讨论)。你的陈述应当使评审人感到这部分的逻辑是合理的,想法是激动人心的,你提议的时间和预算范围是合理的。显然,这不是一件可有可无的工作。

为了深化你对于研究意义的认识,你就得暂时站在自己的学科和直接需要之外,从一个广泛且长远的视角来审视自己的研究。这种视角对建立一系列有价值的宽广的假设是非常必要的,其目的是为了你在写这部分之前能事先酝酿出精练而准确的意义陈述。在撰写或评价项目申请书的意义陈述部分时,我们建议你:

- 同时从学科的广义和狭义两个角度看项目。
- 思考一下领域内和领域外的科学家会如何看待本研究的最大贡献。
- 考虑本研究对实验和理论上的可能贡献。
- 确定和比较数据的基础性和应用性价值。
- 问一下自己对别人使用自己的研究成果有何期望。
- 比较项目完成一年和十年后的可能影响力。要记住,项目的意义会随着时间和技术的发展而改变。
- 做自己最好的批评者,并自问公正的读者会怎样驳斥你的主张。

进行意义陈述的练习

下面的练习将帮助你在开始撰写之前构思并构建你的研究

项目申请书。你可以把这些练习内容看做构成完整项目申请书的组件,在练习中要注意遵循五个实现有效交流的原则(即组织、强调、引导、聚焦和统一)。

练习一:为你的项目申请书的构思框架准备十至十五分钟的口头陈述或一个提纲,所使用的幻灯片限制在三张或提纲长度不超过两页纸。这里的难点在于不借助任何特定体系来介绍构思框架。例如,假设你要研究接触有毒金属对缅因州海岸附近河口湾中牡蛎的繁殖和生长的协同影响。针对该练习,你需要提炼出项目申请书的主要观点——这些想法的重要性应该不仅仅局限于牡蛎、你将要研究的特定金属以及缅因州河口湾。例如,你可以关注对污染物组合的协同影响的认识。你谈话的出发点可以是解释污染物之间相互作用的机制,以便设计出应对的策略。

该练习将促使你在更广的范围内构建你的整体研究问题,并将你的研究与之前的理论和实验研究相关联。如果你不得不使用一个体系来说明论述的各个方面,请不要使用你拟研究的体系。

练习二:把先前的介绍提炼为五至十分钟的关于研究意义和广义目的的口头陈述或者写成一个简约的文档。这一次你可以提及你实际准备研究的具体体系、细胞或生物体。如果你能够有效地完成这些事情,你也许已能够写出项目申请书的项目概述以及简明扼要的初步意义陈述(参见第六章)。

练习三:为你的研究项目申请书的构思框架准备一个十至十五分钟的陈述,着重于定量、理论和功能间的内在联系。项目申请书常常包括或需要一个或一系列模型来确认过程之间的主要联系(参见第八章)。在如练习一和练习二所做的那样,练习三也要强调你的研究与先前的理论和实验研究之间的关系。对构思和定量关系的图解介绍可能尤其有效。圆满完成该练习后,其内容可用做你的研究介绍和合理性说明的一部分。

　　练习四:确立一个与你的研究计划相类似的体系(如生化过程、物种、栖息地)。再做一个关于研究意义和广义目的的五分钟口头陈述(或准备一页的书面概要),这一次围绕可比较的体系进行全面组织。因为有时目的并没有设想的那样合适,该练习将促使你更准确地考虑研究的意义与具体目的之间的关系,这可能会使你重新认识你所选择的研究体系的目标。

精心准备意义陈述

　　一个有效的、给人深刻印象的意义陈述部分会激发读者对项目申请书进行全面评价,也为研究的其余部分构建了框架。研究的总体目标和意义也应该针对背景部分中的必要信息(第十章),从而将评审人直接引导至目标和假设或者具体的研究问题。如果意义部分与其他部分不一致,你的项目申请书就会缺乏说服力。

　　程式化的做法并不明智,然而我们赞同以下这种广为使用的模式,即有效的意义部分(通常一至两页)可以从能够激励你工作的"大背景"开始,详细阐述你的研究的科学基础,简要描述研究计划,重申研究的总体目标和期望结果。根据对众多优秀的项目申请书的评审经验,我们在这里提供一些撰写意义部分的技巧。

● 开篇即强调意义部分。为整个项目申请书设定基调。一些人将意义部分放在项目申请书的最后,然而我们发现这样不太奏效,因为到那时大部分评审人已对该研究形成了固定的看法。

● 使之简单明了。不要让细节冲淡了你的要点,但是务必比项目摘要更详尽(参见第六章)。

- 引导读者。将读者从你的大目标引导至具体目的。你的引导越有效,该部分就会越清晰。如果你能将你的研究描述为解决第一或第二句所提出问题的最富逻辑性、最新颖的方法,你就成功了一大半。

- 阐明工作的价值。用易于理解并令人信服的方式向领域内外的科学家阐明所研究的问题的价值是非常必要的。也许你已认识到现有的知识存在明显的不足。如果是这样的话,那么你须解释遗漏了什么信息,并说明寻找该信息将如何引出其他重要的研究。也许你打算使用一个在某个体系中确认过而在其他体系中从未验证过的方法。如果真是这样,那么你就必须使读者相信在另一个体系中验证该方法及其相关的思想也是很重要的。在阅读该部分之后,读者应该明白你工作的成功将如何促进该研究领域的科学进步。

- 说明与其他领域的联系。成功的研究通常具有超出其所属领域的意义。简要地解释一下你的工作与其他领域的关系以及如何将其应用到那些领域。这样就使你的工作更有吸引力,并强调了你的研究所具有的广度。这也为你提供了一个机会来确立和说明你的研究的广泛社会影响。

- 不要夸大其词。当然,一个重要的注意事项是不要夸大。如果你陈述的意义与研究不相称,就会引起评审人的反感。

你可以采用多种方式来实现目的。在撰写意义部分时,人们往往会反复说明研究的意义、目的和方法。我们通常首先草拟一份研究意义章节,确定研究目标和假设,考虑研究方法,然后再考虑和改写意义章节。撰写这部分时,要时刻注意常犯的错误:语意含糊不清、对意义的描述过于夸张或幼稚、对其他部分进行复述而不增加细节、使用不能吸引读者的含糊语言或术语等。正如我们前面所提，当你阅读了本学科的很多申请并构思好这一部分后再着手撰写通常是最有效的。

更多的练习

为了进一步提高你的技巧，我们建议你对他人的申请书中的意义陈述段落进行评价。我们在课堂上对提供给我们的许多项目申请书进行评价。我们与学生一起就内容、对问题重要性的认识、项目申请书中的谋篇布局、基本的写作技巧和风格等方面来对意义陈述部分的有效性进行评价。这项练习在撰写项目申请书的任何阶段进行都是有价值的。

<u>意义陈述部分的命名练习</u>。意义陈述部分通常可以使用不同的标题。根据项目申请书的类型和目的，某些标题比其他标题更有力。以下我们提供了一些来自成功项目申请书的一些实例。你愿意选用哪个标题？

- 总体目标
- 概述和意义
- 意义和项目目标
- 问题说明

<u>评价一下他人所写的意义陈述部分</u>。考虑下列文字，它们中有三个是对于意义陈述的摘录，有一个则属于完整的意义陈述部分。它们是否让人信服？能否吸引你？是否成功地涵盖了上面提到的某些要点？是否避免了主要的错误？

对遭金属污染的农作物及生态系统中的植物络合素的大田测量

对于美国农业来说，了解金属污染物如何影响农作物和森林显然是非常重要的。很多研究均欲阐明植物与金属相互作用（包括诱导植物络合素）的机制。

来源：F. M. M. Morel，摘自基本原理和意义陈述部分。

豆娘配偶选择的进化

我们工作的广义目的是研究在进化历程中不同物种形成机制对真实生态群落形成的重要性……通过认识性别选择在新物种产生中的作用，该系统会成为可将多少生态相似物种快速引入生态系统的范本，并因此成为研究生态位和漂移两种机制相互作用的模型，从而有助于认识这种相互作用是如何决定大陆规模的真实群落的组成和动态特征。

来源：M. A. McPeek 和 H. Farid，摘自目标和意义部分。

用地上测量法推知含水层的水力传导性

大量的环境问题与含水层污染有关，因此我们不能低估了解各种含水层的水力传导性的全球意义。如果成功的话，我们所提议的技术可能对地下水研究方式进行一次变革。这也可能会极大地影响物种灭绝速率、全球变暖以及厄尔尼诺现象的产生频率。

来源：摘自一个虚构项目申请书的意义部分。

了解生命的起源和不对称性

如果我们想真正了解此地或别的任何地方的生命的起源，那么，这份项目申请书就旨在解决一些必须回答的关键问题。我们的研究意在将我们目前的以及不久以后的观察和实验结果与前沿的计算机模拟技术全面结合。这一工作可以为将来的 NASA 任务提供一个出发点。

来源：M. Gleiser，摘自所申请研究的相关性和影响

部分。

你认为以下实例中对于大的背景及其与研究目的之间的联系所进行的侧重说明有效吗?

测试生境破碎化的级联效应

该研究的结果将会揭示人类对海岸带鼠尾草灌丛生态系统的影响。项目拟开展的工作将利用正在进行中的对生态系统动态的整体研究。研究者向 NSF 提交的项目申请书中也描述了其实验操作的模式和机理假说。另外,该研究在城市自然保护区中进行,该区域因为其重要性,已被选为解决城市体系内人与自然之间冲突的测试区(见参考文献)。该研究申请将给出一系列不同的数据,从中我们将获得对相关机理的深入认识,并为该地区的保护区管理提供支持。该研究还同时针对了一个基础的生态学问题,即生态系统自上而下和自下而上的限制和规则的重要性(见参考文献)。通过与管理人员广泛交换意见,参加地区性的及全国性的会议,在国内及国际刊物上发表论文,向本科及研究生讲授保护生物学课程,让本科生、研究生及博士后参与研究工作,我们所得的科研成果将直接传递给保护区管理人员及更多的科学界人士。

来源:修改自 D. Bolger 和同事的项目申请书。

<u>撰写自己的意义陈述部分</u>。在写完意义陈述后,请朋友和同事阅读一下,并请他们指出你是否把握了重点。向他们询问你的意义陈述部分是否遵循了组织、强调、引导、聚焦和统一这五个原则。在修订意义陈述部分时要牢记需涵盖的关键点以及需避免的错误。如果你的意义陈述可靠并且有说服力,那么你就向完成一份成功的项目申请书迈出了重要的一步。

第五章

标题比你想的更重要

第五章

現代的社會經濟史

标题通常要到最后一刻才能确定,对标题的斟酌往往比对项目申请书其他部分的斟酌要少。但是,标题向读者展示申请书的框架和视角。醒目的标题会吸引读者的注意,并将读者引至你所希望其关注的问题。由于评审委员会可能集中对多达两百份申请书进行评审,因此标题在评审过程中的作用非常重要。在有些情况下,评审委员会的成员可能会先阅读那些标题最吸引人的申请。在小组讨论中,标题的一部分也可能成为项目申请书受瞩目或令人印象深刻的原因。当你写出一个简洁明了并抓住工作最重要层面的标题,那么你就为写一份更有力、更专注的项目申请书做好了准备。

好标题的构成

标题必须包括项目申请书的关注点或基本观念。如果描述性过强,它就会显得比较狭窄,但如果过于宽泛,可能就显得难以实现。有效的标题要能够准确表达项目申请书的内容,多加练习是学习如何写好标题的最佳途径。你可以阅读各类标题,并在阅读的同时,设法修改自己的申请书标题。要注意以下几个方面:

- 将标题写得清晰、简短而有意义。
- 避免使用非正式的术语或夸大其词。

● 考虑使用热门术语的影响。这样的用语会困扰一些读者,虽然它也可能会吸引另一些读者。

● 避免使用"俏皮的"或太不正式的标题。这种风格一直备受争议,我们更喜欢不具幽默感的标题。

标题写作练习

自问怎样才能使标题变得更加清楚、简短和准确。写出你的标题,一起讨论,然后继续完善。

将已有的标题进行分类和修改。标题有多种形式——提问式、描述式和声明式。每种形式在特定情况下均能起到很好的作用。考虑下面的标题:"西佛蒙特州基岩对土壤化学性质的影响"。这一描述性标题向读者提供了有关整个主题的比较清楚的描述,但并未给出该系统的任何细节或所提出的问题。相比之下,"石灰岩对查普林山谷湖的碱饱和土壤的影响"这一标题更加具体,然而其重要意义对非专业人士而言却不甚明了。这两个标题都比"土壤及母质之间的关系"的标题提供了更多的信息。前两个标题哪个更合适取决于项目申请书的内容、要提交的机构或项目以及可能审阅该项目申请书的评审人(专家或知识渊博者)的类型。

我们选取了一些申请书标题列于下文,其中包含了常见的各种类型,有一些是根据已发表的标题修改的。要记住,项目申请书并非一定由作者本领域的专家进行评审。因此,只能被某一特定领域的专家理解的标题未见得就是好的。这些标题中的大多数可以改进。我们要问的问题包括:它们是否易于理解?根据标题人们是否很容易猜到项目申请书的内容?对一些词语的改动或使用另一种方式是否能使标题更有趣或更有效地吸引非专业人士?

1. "小鼠的易冲动行为模型"
2. "温度和湿度:对全球碳循环的控制"
3. "非线性体系的数学模型"
4. "细胞分裂和分化的机制"
5. "大型哺乳动物对生境破碎化的反应:两个大陆上的繁殖率和生存率"
6. "淡水池塘中的营养物循环:四个湖泊中的两种鱼类和三种藻类的作用"
7. "脑中的激素——神经递质相互作用"
8. "对未来的基础研究:是否有足够的资源维持人类种群?"
9. "河流中的侵蚀——断层滑动?"
10. "全球变暖情况下社会经济和环境对传染病蔓延的推动"
11. "使用NASA望远镜设备研究行星形成的基础"
12. "废水处理设备中颗粒的来源和去向"
13. "酸性二叠纪湖泊:认识远古酸性体系中的地球化学性质"
14. "南非和莱索托的贸易政策、使用童工以及学校教育"

根据已有的项目概要来设立标题。接受政府专门机构(如NSF或NIH)资助的项目申请书的概要(或摘要)在很多网站上都可以查询到。我们建议你登录官方网站,并对项目申请书的概要和标题进行评价。这些标题吸引了你吗?它们是否涵盖了摘要中概括的内容?你也可根据这些概要自己写标题。

这里有两篇受资助项目申请书的摘要,尝试着为它们写个恰当的标题。事实上,我们的学生所拟定的标题常常与原标题非常接近,这说明这些摘要十分清楚。

例一：

该研究计划的目的是用实验方法来调查资源供应的短期变化对消费者之间竞争动态和后果的影响。拟开展的研究将使用浮游的轮虫（多细胞的小型浮游动物）作为动物模型。该实验将会检验以下预测：资源供应的短期变化改变了竞争结果，减缓了竞争排斥率，并使得竞争物种共存。与现有的实验研究不同，这些实验的新颖之处在于它结合了如下的几个方面：(1) 使用多细胞生物而非微生物，(2) 使用比先前实验中更真实的暂时资源供应模式，(3) 测量资源供应的短期变化对种群增加的资源浓度阈值的影响，(4) 预测不同程度的短期变化所引起的竞争结果、动态变化和物种多样性的变化。

来源：K. L. Kirk

例二：

过度抽取加利福尼亚州萨利纳斯河谷蓄水层中的水已导致海水侵入，破坏了地下水质。因此，蒙特利郡的农业可持续性岌岌可危。耕作者意识到要阻止海水进一步入侵就要治理好蓄水层，但对于究竟是接受地下水抽水限制还是征收抽取税，他们持不同意见。

为了使耕种者更有效地管理好地下水资源，必须定量研究一位耕作者的抽水行为对其他耕作者的用水量及用水品质所产生的影响。因为海水通过扩散侵入蓄水层，所以即使抽水速率是相同的，耕作者靠近入侵海水区域进行抽水比在蓄水层另一侧抽水的危害更大。这表明了因地区而异的政策比针对整个流域内的政策更行之有效。我们将通过使用地理信息系统（GIS）计算机程序来模拟蓄水层目前的情况以及不同政策的影响。

来源：D. D. Parker

在下面,我们给出了一些在成功项目申请书基础上略作修改的标题,上述两段摘要的实际标题就是其中的最后两条。请注意这里几乎所有的标题都是简短而清楚的。

1. "分析杀虫剂传播路径及天然湿地的退化"
2. "生态相互作用在多样性中的作用:两个群落中秋麒麟草的种系发生和种群分化"
3. "新英格兰和佛罗里达景观功能的人为修饰"
4. "预测陆地生态系统对二氧化碳增加及气候变化的反应"
5. "海水的热传导性:内部及外部因素"
6. "河道恢复期间的地形及水压调节模式及过程"
7. "从点到面的汞流量估计:沿北半球成比例放大"
8. "植物转录接头蛋白在热休克所调节的基因表达中的作用"
9. "南、北极的中间层和低热层动力学"
10. "等离子体离子化对发射分光光度计之非线性动力学的影响"
11. "大气光反应的详细动力学"
12. "被子植物时代分子与化石证据的一致性"
13. "与全球碳循环相关的大气中二氧化碳与海洋碳的丰度及 $^{13}C/^{12}C$ 比值的研究"
14. "定向肌肉反射运动行为中被标记细胞的作用"
15. "G. Hypothetica 中的遗传学、机制及蛋白质合成的调节"
16. "用于不间断模式识别的片断声音模型"
17. "在可变环境中轮虫之间的资源竞争"
18. "对遭受海水入侵的蓄水层的空间高效管理"

写出并评价自己的标题。有些人撰写项目申请书之初就制定了标题,而另一些人则要等到项目申请书完成后才予以考虑。评审人常说他们可以根据项目申请书的标题判断出作者是否是新手——新手的标题往往过于冗长,不是太具体就是太夸张。试着写出一些标题,并设法采用不同形式。朋友或同事给你的意见将会是非常有用的。另一种方法是问问自己,你希望读者关注你所申请的项目的哪些方面。试着写出 4 个至 8 个词的项目描述,然后只在极有必要时再略微加以扩充。

我们在课堂上最先进行的练习之一是让学生们在黑板上写出他们的标题。当进行小组讨论时,这些标题通常会被大幅修改,从而变得更加言简意赅。那些对该种练习感到有困难的学生往往对他们的工作方向不甚确定,所以这也可以作为诊断性的练习。

第六章

用项目摘要引导读者

作为NSF类型项目申请书的第一部分也是最简短的部分，项目摘要有几项至关重要的功能。在这部分里，你要设定研究的目的、划分研究的范围、简短地描述方法、提出假说及预期结果或产出等。项目摘要（有些人使用其同义词"概要"）是评审人看到的有关项目的最初说明。一个有说服力且激动人心的摘要会吸引读者的注意力和兴趣，并为整篇文章奠定坚实的基调。因此，建立适当的期望是非常关键的，要避免误导读者至该项目申请书真实主题以外的其他地方。要在300字内表述清晰、简洁、准确、令人兴奋——这无疑是一个挑战。

在评审过程中，评审人把摘要作为整个申请文件的一个模板或指南。他们对摘要的印象非常关键，计划主管经常会依赖摘要选择特别评审人。摘要也会用于向评审人提示申请书中的设计要点及预期结果。在正式评审过程中，摘要的这一功能显得尤为重要，它在评审小组的讨论会上将被反复提及。评审小组的成员可能会被要求在很短很紧张的时间内对很多项目申请书做出评判，而你在项目摘要或目标部分所写的简短、准确、令人印象深刻的话语会使你的申请脱颖而出。请记住，你在摘要部分所写的任何内容，都会用于强调你研究的主要方面，所以一定要确保按你的本意进行写作。

有效的项目摘要没有固定的模式。一些最引人注意的摘要从研究目的的总体陈述开始，随后引导读者到拟开展的具体工作上(见第三章)。一些作者先写摘要,然后把它作为经费申请书的写作提纲;而另一些人则等到项目申请书的其余部分完成以后才开始撰写摘要。摘要最基本的特征就是它必须准确反映项目中最重要的元素。我们在下面会给出几个受资助项目申请书的摘要(经作者同意)作为例子。在撰写自己的项目摘要之前,建议你先对它们进行评论。

有效的项目摘要之要素

我们现在集中讨论用于 NSF 基础研究的项目申请书,其开始部分称作项目摘要。对 NIH 项目申请书而言,摘要部分是研究计划的一个简述;而具体目标部分则是一个更为详细的摘要,其中包括了长期目标、研究目的和工作假设(Reif-Lehrer 2005)。对于文本中有关研究摘要的这一部分,各个专门机构也许有不同的标题或格式要求,但这些部分的作用和目的是基本一致的。在撰写这部分之前,要确保自己了解了准确的规则。

NSF 对项目摘要的要求是:"(摘要)不应该是项目申请书的概括,而应是一个独立的陈述,指明若得到资助,此项目将会产生什么结果……(它)应包含对项目的目标、使用的方法及研究意义的陈述……在允许的范围内,有科技素养的非专业读者应该能理解它。"

这一段说明将项目申请书的摘要和科技论文的摘要区分开来了。在基础研究的项目申请书中,你要报告的是你打算做什么并强调你的工作为什么将会产生影响力,而不是你做过了什么以及为什么它很重要。因此,项目申请书摘要的重点必须放在重要性及其背景上,并且要说明将会有的相应产出以及"拟开展的工作将带来的广泛影响"。在 NSF 项目申请书一页纸的摘要中,"广泛影响"应明确提出,它是两个申请书价值评议标准之一。经费申请指南中，用粗体标出的部分文字明确指出，缺少描述理性价值以及广泛影响的项目申请书将被退回而不被审议。

对一个任务导向的项目申请书，你应强调预期结果和创新性或独特性，这将使你就限定目标所作的选择优于对手。虽然你可能参照你以往的研究来立意或借此来实现任务，但摘要中并不包含结果。摘要的篇幅要求因资助机构不同而有差别，但它们极少超过单倍行距的一整页。那些机构希望科学家们所撰写的项目申请书能被有科学素养的非专业读者所理解。要做到这一点可能对一些作者来说非常困难，但这是非常值得的，因为花费时间完成这简洁但重要的部分将会使你的项目申请书更容易被非专业读者和大众理解。

在开始撰写摘要之前，要注意你所在领域的惯例（如，摘要中是否包含假设、特定目的或者目标）。你要找些可资参考的摘要来看。可以从朋友或同事那里索要他们的摘要副本，登录主要资助机构的网站阅读或下载受资助项目申请书的摘要，当然也请参照我们在下文中给出的例子。

两段式的项目摘要。在摘要中你只能用几句话来引导读者从研究的全面和广泛的意义所在过渡到具体的细节。这有很多种成功的风格和形式。一些摘要以直率的陈述开始："这一拟开展的工作将验证如下假设……"，而另一些则是用渐进的方法或按年代顺序排列该领域内的早期观点和目前的状况。后一种风格逻辑性较强，但它可能由于在突出重点方面稍逊于前种方式，从而在开头无法抓住读者的兴趣。我们鼓励你从使用两段式摘要写作开始，第一段引入问题并描述工作，而第二段则强调潜在的结果和意义，并在其中阐明所谓的广泛影响。

段落一：

- 在前一两句中为本研究营造最宽泛的背景。
- 将你所研究的问题作为可验证的假说来陈述，如果合适,就作为研究目标来陈述。永远不要提出无法验证的假说,或本研究无法实现的目标。

- 找出目前理论中的不足,说明你所研究的问题将如何弥补这些不足或怎样促进该领域的发展。确立工作的整体重点或相关性。相对于其他构思优秀的课题,该策略将有助于你获得资助。
- 如果合适,加入你所做工作的初步结果,这会使进一步的工作更引人注目并有助于提高工作的可信度。
- 在段落的最后几句,对你将要进行的工作做逐条、简洁的说明。

段落二:

- 简述实验手段和研究条件,如果合适的话,加上所研究生物体的学名(这可以在第一段或第二段)。
- 讨论你的研究计划的预期结果或产出。
- 陈述你的工作将如何促进你所在领域的发展;也许可以加上一句话说明你的工作对其他领域或问题的潜在影响。注意不要谈与你的工作不相关的问题。
- 着重指出工作的显著意义,包括你所拟开展的研究在发现和理解的同时将如何促进教学、培训、学习或者提供其他广泛的社会利益。

在下面,我们举一个项目摘要的例子来说明上述的一部分观点,这一摘要是按两段式结构写的,为所针对的研究提供了背景。它清楚地说明了可验证的假设,强调了研究的广泛价值。

冬季水文关系对三种新英格兰针叶植物海拔上限的决定作用

冬季干燥被认为是影响针叶林的一个重要因素,它可能会影响针叶植物的分布。迄今为止,大多数研究都集中在高山林木线的干燥问题上,很少有人会把注意力放在干燥在确定低海拔针叶植物的海拔上限的决定作用上。我们的目标是要验证冬季水文关系限定了新英格兰低海拔长青针叶植物的海拔上限范围这一假说。这将是首次对非亚高山带的针叶林中干燥因素影响程度所进行的研究。我们会对三种低海拔针叶类植物的水文关系进行检测，它们分别是：白松（Pinus strobus L）、东部铁杉（Tsuga Canadensis [L.]Carr.）以及红松（P. resinosa Ait）。这三种松树在生存环境选择和成长方式上都大不相同。初步结果表明，每种树木中较老的那些群叶会到达引起干燥伤害的水位。我们的研究使用生理测量方法（相对含水量、水势、表皮抵抗力），对在冬季集中位于海拔上限附近的树木进行测量，以评估干燥的影响。这些数据和在野外收集的微气象学数据均用来预测冬季水文关系。我们将验证以下假说：(1)分布于海拔上限附近的各植物群叶中的水位将会接近或降至能致死的干燥水平。(2)表皮抵抗力会在冬季降低。即便该工作不支持这些假说，我们也能了解更多松类植物对冬季气候的反应。

　　该研究对于植物压力生理学家及植物生态学家都是有价值的。它的独到之处就在于将对干燥的实地评估和微气象测量方法结合在同一模式中，使植物水文关系能够与气候明确结合。该方法为将来对冬季干燥限制的研究打下了基础，可用在其他物种以及在变化的气候条件下的研究。该项工作的其他影响包括：通过使用本科生野外助理，我们可以将野外研究融合到针对各种对象的教学之中，进一步深化学生们对生物和环境过程的理解，同时也有助于培养年轻科学家。

　　来源：R. L. Boyce 及 A. J. Friedland，有改动。

网上摘要范例。在撰写本章时我们阅读了百余篇由美国专门机构所资助项目的申请摘要。本书所选用的摘要来自各个领域(如环境科学、生态学、分子生物学、地球科学、大气科学和神经生物学),可以通过网上查询,或查询主要资助机构已出版的年报来获得。我们主要关注来自 NSF 及美国农业部的项目申请书摘要。这些研究经费申请书的摘要差异很大,但我们依然发现了其中的一些共同之处。我们已将这些共同之处写在本章的建议之中。例如,所有的摘要都对它们研究主题的意义进行了阐述,并指明了研究问题。通过阅读这些摘要及其他内容(见本章末所列网址),你将学会如何选择不同的风格及方法。

下面我们再给出一个项目摘要的例子,其中包含了我们已经讨论过的许多重要特征。

线虫趋化性的神经网络模型

这项研究涉及的问题是在给定情况下大脑如何使用感官信息以选择最有效的行为。这个问题通过研究线虫来实现。线虫是一种只有302个神经元构成其中枢神经系统的实验生物,非常适合研究大脑活动和行为之间的关系。该研究的重点是建立和测试线虫趋化性神经网络的计算机模型。趋化性是一种简单而普遍的空间定向行为形式,动物据此发现食物、隐蔽处,或通过气味或味道的来源来指示其运动走向从而找到配偶。该模型将用来测试以下想法,即线虫的趋化网络采用不同的神经通路来给出感觉输入增加或减小的信号,这就像包括人类在内的高等生物中的视觉系统。这一测试将为神经网络功能怎样控制自适应行为提供新知识。我们工作的更为广泛的影响包括:线虫趋化性易于被年轻科学家和大众所接受。本项目的负责人接待来访的本科生和高中生。在这一项目开始时,就有大学本科生参加。我们将继续这样做。这些大学生研究人员(目前有2个获奖大学生和2名新生)做的是真正的科学实验,包括激光切除神经元和定量行为评估。在NSF资助的研究中所发展起来的一系列模型的简化内容是项目负责人所授计算神经科学课程中的一个突出组成部分。

来源：S. Lockery

撰写项目摘要的练习

在撰写你的项目摘要之前，大量阅读其他的项目摘要并对其进行批评修改是很有益处的。例如，可以修改前面所给摘要实例（第五章）中的一些句子，看它们能否有所改进。你还可以试着增加一些假设，或修改意义陈述部分。然后你问一下自己改完的摘要是否容易被读者理解？话题之间的连贯是否流畅？过渡是否平稳清晰？最后将摘要大声读出来，看其中是否还有不足。

<u>批评修改其他的摘要</u>。我们就同一研究项目编写了两份不同的摘要，看看你是否可以分别给予改进。

版本一：

营养添加剂对红云杉健康和营养的影响

本研究计划的目的是确定营养添加剂对美国东北部高海拔红云杉的固碳及树叶营养的影响。该生态系统中的树种正在衰减，这种现象在部分程度上是由本地区逐渐改变的化学环境所造成的。早期的研究表明，氮及硫的输入相当高，氮的饱和被认为是衰减的主要起因。在南阿巴拉契亚山地区开展的研究表明，酸沉积导致钙缺乏，或许还伴有铝的流动，这造成植物的呼吸加快，光合作用减少。这种呼吸比率会延缓树木的成长。在南方开展的对于盆栽云杉树苗的研究证明了这一点，这和实地考查的结果也是一致的。我们研究小组的初步数据表明：在新汉普郡，1）云杉对氮增加的反应是积极的;2)盐基阳离子供应充足。而来自纽约的数据表明:1)氮的增加减缓了叶子的生长;2)钙是有限的。我们认识到这其中一些新发现部分地与以往的研究结果不一致,因而我们希望能进一步调查研究。

我们提议利用杰斐逊山(美国新汉普郡白山山脉)及马西山(美国纽约州阿迪朗达克山脉)自然生长的云杉树苗进行实地研究。在为期三年的研究阶段,将以氮、钙或(和)镁进行施肥处理。在树木生长季节对光合作用及黑暗中的呼吸作用进行测量,以便确定其对不同施肥处理的反应。将通过分析叶子集中度、氮、盐基阳离子及铝的含量,来确定它们对碳固定率的影响。

本项研究将增加我们有关全球的大气化学变化对高海拔红云杉——香杉林所造成的影响的了解。但是,我们的研究除了这个特定的生态系统外,还有更深一层的重要意义,因为它将说明一般针叶类植物是怎样对非生物压力作出反应的。长期的压力,如由全球变化引起的压力,往往会造成林木的衰减。早期的衰减经常过于微小而被忽略,这就给衰减的确定造成了困难。本研究将利用一个众所周知正在衰减的物种,揭示其由低到高的衰减梯度。

来源:A.J.Friedland

版本二:
营养添加剂对红云杉健康和营养的影响

众所周知,营养不足或失衡会引起植物生长及新陈代谢中的问题。美国东北部高含量的氮及硫沉积被怀疑为是造成高海拔营养失衡的原因。许多与氮、硫、钙及铝相关的假设已被用于解释东北部高海拔红云杉衰减的原因。我们研究小组的初步数据表明,在汉普郡,1)云杉对氮增加的反应是积极的;2)盐基阳离子供应充足。其他资料表明了钙的供应可能受到了限制。我们建议在新汉普郡白山山脉的杰斐逊山上对自然生长的云杉树苗进行一次实地研究。在为期三年的研究期间,对树苗加以氮、钙或(和)镁等施肥处理。在树林生长季节对光合作用及黑暗中的呼吸作用进行测量,并确定其对不同施肥处理的反应。将通过分析叶子浓度及氮、盐基阳离子、铝含量,来确定它们对碳固定率的影响。

该研究将增加我们有关污染物的大气沉积对高海拔红云杉——香杉林的影响的认识,也可能会为我们提供关于一般松针类植物是如何对非生物压力作出反应的信息。长期的压力会使那些生活在其他温和气候里的松林的树木开始衰退。

来源:A. J. Friedland

我们认为,上述第一种版本需要本质上的提高。例如,按年代或顺序对研究结果进行报告,类似"在……开展的研究"和"对……进行研究"的结构过于重复,并不是最综合地说明信息的方式。有关的问题和假设也没有明确地说出来。你认为该工作潜在的重要性陈述清楚了吗?修改该摘要的一个方法是删除第一段中的大部分,应该首先陈述营养不足的总体情况,然后更加简洁地定义未被回答的问题。第二种版本的摘要要好一些,但还是没能把假设说明白。

下面是一些我们直接从作者那里得到或从资助机构网页下载的成功的项目申请书摘要(经作者许可)。这些摘要很有说服力。当然,即使是最好的摘要,也有进一步改进提高的余地。试着把它们完善一下。

埃希氏大肠杆菌中脂肪酸运输的生物化学

在所有有机体中,脂肪酸(FA)及其衍生物是生物膜的组成部分,也是代谢能量的来源和调节代谢的效应分子。

本项工作研究进入细胞的长链脂肪酸(C14—C18)的输送，以及此后这些脂肪酸在新陈代谢之前向辅酶 A 硫酯的酶转化。这些脂肪酸穿越埃希氏菌属大肠杆菌的细胞膜需经一个特定的需能过程，这个过程需要外膜结合 FA 的结合蛋白 FadL 以及与内膜相关的酰基 CoA 合成酶（ACS）。ACS 激活伴随输送的 FA，并导致细胞中 FA 的净累积形成浓度梯度。由蛋白 FadL 介导的长链脂肪酸输送穿过外膜的过程取决于：1) 用有限的蛋白水解和蛋白质修饰来衡量 FadL 的拓扑结构，以及 2) 使用带亲和标记的长链脂肪酸 3H-APNA 来定义 FadL 内的 FA 结合位置。ACS 对长链脂肪酸输送的贡献可通过以下方法评估：1) 利用带有配体亲和标记的 azido-（分别为 32P ATP 和 3H-APNA）来定义 ACS 内的 ATP 与 FA 的结合结构域，2) FadL 中与 CoA 和（或）FA 结合特定位置的基因突变。通过 Far Western 分析以及 GST-组氨酸融合蛋白，研究工作可确定膜结合的 FadL 以及该转运系统中的可溶性成分之间的蛋白相互作用。可溶性蛋白质成分可能会与 FadL 相互作用。细胞内膜的 H1/FA 共转运体，酰基 CoA 脱氢酶和细胞胞质中的酰基 CoA 结合蛋白可能会与 ACS 特异结合。

来源：P. N. Black

改编自《由全球气候模式引发剧烈气候环境的评估》

在美国中部，高频率和高强度的暴风雨和龙卷风在这一地区每年导致严重的破坏和损失。因此，暴风雨和龙卷风已成为该地区非常重要的中尺度天气事件。最近研究表明，在合适条件下，使用全球大气再分析方法（分辨率在 200 公里内和 6 个小时范围内）可以估计出美国及其他地区严重雷暴和龙卷风适宜条件出现的频率。全球气候模型无法模拟严重的雷暴和龙卷风,因为它们的空间分辨率太粗而不适用于中尺度气候条件。然而,它们应该能够模拟这种恶劣天气状况下所发育的环境条件,包括丰富的低对流层水分、对流层直减率剧变以及强烈的对流层风切变等。从 NCAR 获得的全球气候模型的控制性模拟的高分辨率时空数据模拟作为模拟的模型将被用于估计合适条件下的恶劣天气频率。模型模拟的气候分布的恶劣天气环境将与再分析的数据相比,包括季节和地域的差异和年际变化。该研究成果将包括一个决定恶劣天气环境条件的全球气候模型的详细评估。这将使我们更好地理解在模拟温暖季节强大陆对流时模式出现问题的一部分原因。本研究工作更广泛的影响包括:除了科学成果,在该项目上雇用的研究生将在气候诊断、气候模拟以及恶劣天气中获得宝贵的训练和经验,这将使他/她今后在美国更好地从事气候变化及其影响的研究和发展。

来源:D. Karoly and H. Brooks

以下是几个与特定目标相关的例子:

来自一份以"雄性激素类固醇引起的行为及生理应答"为标题的申请书

具体目标1:建立剂量反应特点以及雄性激素在雄性与雌性小鼠表达所诱发的入侵者类型的作用。测试雌性和雄性小鼠针对不同类型入侵者的反应,随后依据其不同的雄激素和雌激素的特性使用 6 种剂量的雄性激素处理。

具体目标2:在雄性和雌性小鼠中,通过使用药物抑制剂干扰雄性激素诱导的入侵以判断其是否丧失雄性激素受体(AR)或雌激素受体(ER)信号。雄性激素在中枢神经系统中可代谢成雄性激素和雌激素衍生物。我们并不知道雄性激素受体与雌激素受体在介导任何一种性别小鼠的雄性激素诱导侵略性的相对重要性。我们猜测,这两个受体信号都将参与调节雄性激素诱导的侵略性,但在雌性小鼠中,雄性激素受体信号途径将发挥更重要的作用;雄性小鼠中,雌激素受体信号途径更重要。我们将在使用雄性激素的同时分别使用雄性激素受体拮抗剂氟他胺,或雌激素受体拮抗剂 CI-628,从而评估在两种性别的野生小鼠中的侵略性行为。

来源:A. Clark and L. P. Henderson

合作研究:混血家庭的居住空间:从 1990 年至 2000 年间的邻里语境、隔离和多种族认同。

首先,我们打算描绘并分析附近地区在 1990 年到 2000 年间的混血家庭。这将为如下的一些问题提供答案:我们目前所了解的产生和维持隔离的过程是否适用于混血家庭?混血家庭是生活在种族隔离邻居之间还是生活在多种邻居之间?他们的生活随种族、阶层或伴侣出生地的变化会有怎样的不同?

我们的第二个目标是将第一个目标翻转过来:这一阶段的工作旨在研究家庭内的种族混合将如何有助于邻里间的种族混合,而非评估隔离区的混血家庭地域的影响。对隔离状况的评估通常依赖于个体在邻里中的情况但忽略了家庭内的混合情况。这部分的研究就邻居多样性在何种程度上是由混合家庭形成的展开提问。我们也将考察混合伴侣的上升率对邻居间隔离程度变化的影响。

来源:M. Ellis, S. Holloway, and R. Wright

搜索网站。下列网址(在本书出版时依然是准确的)为我们提供了来自联邦专门基金资助项目的摘要。这些网址上也提供了许多关于项目申请书的建议和要求方面的信息:

- 美国国家科学基金会：http://www.nsf.gov/
- 美国农业部国家研究倡议竞争经费项目：http://www.csrees.usda.gov
- 美国环境保护署：http://www.epa.gov/docs/ord
- 美国国立卫生研究院：http://www.nif.gov/以及http://crisp.cit.nih.gov

第七章

目的、假设和具体目标：过于详尽的条目会令人疲惫不堪

如果研究目的和检验方法的构思拙劣、陈述不清或根本未加陈述，那么精心制作的文本或使人信服、感到激动的意义陈述就失去了意义。我们的课程注重的是构建、解构和重建彼此的研究目的、假设及具体目标。如果是单独工作，请务必找到一些愿意与你交流想法的同事。将你的假设和目的与别人的假设和目的一起审视可能是你所能做的最有益的事情之一。

通常都是先设计假设或目标，再撰写项目申请书。本书的读者大多可能都已经明确了一系列目的及相关的假设。在撰写之前，先将这些假设展示给同事和导师来征求反馈意见，以确定它们是否严谨、可检验或吸引人。现在的目标是在写作中阐述这些观点，并把它们放到项目申请书中。这个过程中最关键的是要确保这些假设与意义陈述保持一致，并与研究目的适当地联系起来。

目的、假设和具体目标

目的一般是指研究中广泛的、科学意义深远的方面，有时接近于意义陈述。（在某些领域，"目标"是"目的"的同义词。）如果项目申请书同时包括意义陈述与研究目的，则目的部分通常更需着重说明。目的部分也可与科学界中数据的来源或新用途有关。下面的范例均改自我们所写的或者其他作者所提供的项目申请书。

我们的目的是：

- 进一步理解全球气候变化对淡水湖浮游生物群落的意义。
- 在高压输电线附近居民所受电磁辐射效应问题上，能导致更有依据的决策意见。
- 理解细胞内、外的信号是如何调控细胞分裂和分化的。
- 对导致海洋潮间带群落物种共存的机制进行评估并对比不同效应的影响幅度和范围。
- 为评定有毒金属对繁殖的影响提供首个完善的数据库。
- 为大脑对运动功能和决策的潜在分析进行分类，并为之创建分析框架。

假设一般是指比目的更具体的一系列可检验的猜想。一个充分构想的假设可以直接导致那些构成研究基础的实验和抽样程序。要使假设的数量保持合理：在过多与过少之间权衡是很重要的。如果你的假设太多，你的项目申请书就会使读者感到困惑，并降低其有效性。我们当中的一个人曾经写过一篇有27个假设的项目申请书，评审人并未被其思想和综合性的深度、广度所打动，相反却觉得非常的困惑和厌烦。不出所料，他们还认为该项目申请书缺乏重点！在该项目申请被拒绝后，计划主任建议把假设降至五个或更少，以便集中精力解决问题。我们同意了这个建议，虽然对一份项目申请书应包括几条假设并没有明确规定。

我们修改了一些我们自己和其他人的申请书中的一些假设。请看一看，这些假设是否明显区别于一般的意义陈述或研究目的呢？

第七章 目的、假设和具体目标

- 我们假设，铅会与不定根相关的螯合剂络合，跨膜运输，并储存在内皮层中。
- 与未修复的河段相比，修复河段的粗糙度较高，而水流速度、河流能量、切应力则较低。
- 尽管每年存在气候变化及其他环境变化，但是各地的温度和湿度差异会保持多年。
- 锌能够取代酶活性位点上的其他金属。
- 浅土层矿物风化使生态系统中超过80%的阳离子流失进河流。

当撰写针对NIH或某些其他机构的项目申请书时，其惯例是包括描述项目具体目标的部分。项目申请书通常包括两个至四个具体目标，这常常与假设类似。每个具体目标通常关注一个特定问题或假设以及实现该目标的所需方法和预计成果。通常，项目申请书的其余部分也将围绕每个目标进行组织。最有效的项目申请书常常使用意义陈述部分来统一各个具体目标，并确立逐一进行讲述的顺序。目的和假设也不宜过多，成功地向读者传达的目的和假设应当简要且易于理解。

以下是从我们及他人的项目申请书中摘来的一些经修改的"具体目标"的例子。

- 我们将确定源岩中所有六种矿物的晶体结构。
- 全长机能蛋白的高分辨率结构：我们将研究该蛋白整体的分子机理并确定其如何进行自我调控。
- 我们将确定各地温度和湿度随时间的变化差异。
- 我们将确定生物是否通过分泌抑制性化合物来促进生物膜的形成。

将目的、假设与意义相联系

尽管研究目的、假设、目标和整体意义是指研究申请书中不同的关键部分,但是它们之间又是紧密相连、相互配合的。它们各自的有效性及目的均彼此依赖。其中,意义陈述部分是对研究最概括最广泛的描述,目的通常比意义陈述更集中,而假设或具体目标则比总体目的更加具体。目的、假设和目标比意义陈述更有可能确定具体的过程、体系或场所。

为了说明意义、目的和假设之间的关系,我们回头看第四章的一个例子(来自 F. M. M. Morel)。在此例中,整个意义陈述部分将金属污染及其对农业的主要影响这个主题作为该研究的重点:

> 对于美国农业来说,了解金属污染物如何影响农作物和森林显然是非常重要的。

该研究申请的目的之一就是鉴定来自熔炉并通过空气传播的目标金属污染物:

> 〔我们希望确定〕在金属污染严重的区域,如熔炉附近,植物所承受的金属胁迫是直接来自空气污染还是〔间接〕来自土壤中的积累物质。

随后,作者提出了假设,即将污染金属定为镍和铜,将污染机制定为大气中污染物的沉积,并将所研究的植物物种定为纸皮桦:

> 为了验证目前大气中镍和铜悬浮微粒的沉积是萨德伯里、安大略省附近植物受到金属胁迫的主要来源这一假设,我们将把纸皮桦(Betula papyrifera)树苗种植在抽样地点。

请注意作者如何逐步从意义转向更具体的目的,进而转向假设,以及它们彼此之间如何紧密联系。

这里还有另外一个例子可以说明这种陈述的不断演进。其意义陈述部分的范围较宽泛,涉及一个国际关注的问题,即全球气候变化。在写这个例子时,我们特意避免了流行的术语,但这只是个人习惯问题:

> 我们希望了解全球温度的预期升高对鱼类种群的生物学影响。

该申请的目的更加明确,并直接指向一个具体的系统类型(养殖场的鲑鱼),然而它所包含的范围仍然有些广泛(不限于某一具体区域或具体种类):

> 我们将量化鲑鱼对其养殖场夏季温度预期升高的反应。

最终,从所述目的引出两个假设,这两个假设直接确定了一系列实验或测量方法。它们针对具体的物种并考虑到某些统计学特点和比率:

> 五月份的水温会升高 18 度,这会使大西洋鲑鱼的孵化期提前两周。
>
> 大西洋鲑鱼孵化期提前两周会降低其成活率。

在这个例子中,我们同样从研究的意义逐渐具体到目的,再到假设。

以下是一些具体目标(而非假设)的例子。

- 表征控制鱼中甲基汞的生物积累对个体生长和代谢速率的影响。
- 确定所有培养物中由砷引起的类固醇受体信号途径改变的生物效应。
- 研究与人接触化学致癌剂相关的分子—基因改变,

从而识别出低剂量接触的生物标志物。

项目申请书的结构安排

成功的项目申请书常常将意义、目的和假设章节放在项目申请书的开始部分，但其具体位置并不固定。不同的是，NIH的项目申请书中通常要求将具体目标放在第一部分。作者常常在项目摘要或目标中介绍研究目的或假设，而目的几乎总是出现在项目申请书的意义陈述之中。你需要将早期介绍与后续章节中对该问题的详细讨论设置妥当，以免显得重复。很多作者在项目申请书的不同位置加入假设，而且每次提及假设时都提供更详细的细节。

在下面的例子中，总的假设首先在标题中陈述出来，然后以不同的方式在项目申请书的不同章节中具体讨论：

- 标题。"时序控制基因对确定秀丽隐杆线虫（C. elegans）体内事件发生时间的作用。"
- 项目摘要。"该工作的主要目的是以秀丽隐杆线虫为模型，认识细胞分裂和分化的序控制的基因和分子机制。"
- 引言与背景。"动物发育是一个由基因和其他因素控制的复杂过程。"
- 意义部分。"秀丽隐杆线虫基因使得我们有机会研究控制细胞分裂及分化的基因和分子机制，以及多细胞发育的关键过程。"
- 研究设计与方法。在每组实验的序言部分提出假设，并设计相应的实验对其进行验证。

来源：V. Ambros

不管你将研究目的和假设放置在哪里，根据你的资助机构或专题委员会的要求，你应该使用标题和副标题来突出强调项目申请书中的目的和假设的重要性。这样做也会使评审人更容易找到它们。务必要遵循本领域内的惯例。例如，某些领域的做法是使用传统的无效假设，即无论你所设想的研究结果是什么，你都要说成无效（例如，"所测试药物将对人类没有任何作用"）。而其他领域则更容易接受积极的假设（"对测试人群中75%以上的患者而言，所测试药物能起到缓解症状的效果"）。另外，不同学科所使用的术语也可能有差异（例如，"假设"有时是指"问题"）。

目的、假设和具体目标的撰写训练

我们上课时会在写作相应内容之前使用以下练习来学习如何阐述一组密切相关的假设或具体目标。该阐述步骤可能需要几周时间，因为你要阅读针对你的目的和假设的重要反馈，然后进行修改并重新叙述。该练习是第四章练习一至练习四的重要的后续内容。

练习五：为你的研究之目的、具体目标或者假设准备十至十五分钟的口头陈述，关注它们之间的直接联系。如同先前的练习一样，论证你的假设对于以往较宽领域的理论与实验研究的重要性。假设必须简明并易于理解，并且假设之间的演进必须有逻辑。如果你正在进行这个练习，请务必将文字控制在两页之内。要注意各个想法之间的承上启下关系和合理的过渡。

我们再次建议你收集尽可能多的研究项目申请书，并亲自或与小组一起对其进行评估。除了考虑逻辑性和流畅性外，还要评价其陈述的风格。我们所发现的一个普遍存在的问题就是,一些作者对其目的或假设的排序非常混乱(例如,"I. A. b. iii"),这样会削弱最终工作的说服力。这是一个小细节,但是正如我们在别处提到的,对目的和假设的清楚陈述是极其重要的。

第八章

在引言部分奠定基础

一旦向评审人或委员会成员表述了有关你的研究工作的意义并将他们引向你的目的或目标，你的工作就正式开始了。现在，你需要撰写项目申请书中一个必不可少的部分，即 NSF 称作"项目描述"以及 NIH 称作"研究计划"的部分。

引言或背景资料是"项目描述"或"研究计划"的一个主要内容。在该部分中，你应该回顾相关的文献资料，并着重强调关键的参考文献。你可以介绍相关的概念、理论或经验模型，讨论对你的研究至关重要的新方法或新技术的必要性。为了给你所申请的研究奠定基础，并表明你具有完成该任务的能力，你先前相关研究工作的概况或者初步的结果通常在这一部分中介绍，也可以在一个单独的部分中进行说明。引言的主要目的就是引出必要的背景材料，从而基于对当前研究的全面了解将评审人引导至你的研究目的、假设和研究计划。

可按如下顺序撰写项目描述：

  Ⅲ. 项目描述（接第三章）
    A. 以往获资助项目的结果（本章）
    B. 对研究问题和意义的陈述（第四章）
    C. 引言和背景（本章）
     ● 相关文献综述（本章）
     ● 初步数据（本章）
     ● 概念模型、经验模型或理论模型（本章）

- 研究手段和新方法的合理性（本章）

引言必须将读者从对文献的总体回顾引导至你的具体研究。在读完一篇富有说服力的引言后，读者应该感叹："当然！这个研究项目的想法实在太棒了！我怎么就没有想到呢？"引言部分可以很好地解释你的工作为什么具有吸引力，并能设法引起委员会或资助机构的关注。

引言的构成要素

<u>以往获资助项目的结果</u>。引言可以以先前的研究结果为开篇，这些结果一般指的是：1）以往受某机构资助的研究成果，而本研究计划也是向该资助机构申请的，或者 2）对本研究工作非常重要的已有初步数据。这类材料在大多数研究生博士论文项目申请书（graduate dissertation proposals）中可能并不需要，因为在这类学位论文选题报告中，初步结果可以更加有效地直接融入引言——背景部分。但是如果目前申请资助的机构曾经资助过你或任何一位你目前的合作者，你可能会被要求在一个单独部分中总结已有的研究结果。NSF 以及另外一些机构要求项目申请书中有一个特别的部分，该部分被称为"以往获资助项目的结果"。它一般出现在项目描述的第一部分，有时甚至在意义陈述之前。

项目申请书的评审人通常需要对申请者的工作成效以及他（她）先前的科研质量进行评价，所以这部分对于项目是否最终获得资助可能具有重要影响。简要陈述你先前的研究，适当引用你所发表的工作。我们建议用这部分来证明你以往的工作业绩，并强调那些有深刻意义并且为新的研究工作奠定基础的成果。向资助机构的计划主管咨询有关该部分通常包含的信息类型及数量等具体要求。要记住，对于大多数项目申请书而言，篇

幅是非常宝贵的。在这部分着墨太多自然会限制其他部分的篇幅。要避免那些偏离申请书主题的信息。

如果当前的项目申请的内容是以往受资助工作的延伸或继续，或者先前的研究结果或发现与本研究工作相关，则即使资助机构没有要求，也建议加入以往结果的部分。如果先前的工作与本项目申请拟开展的工作并无联系，但是按规定需进行说明，则可尽量缩短篇幅并考虑将它放在项目描述的最后部分，这样就不太会转移对本项目申请的注意力。

<u>初步结果</u>。如果你刚刚着手进行研究或者刚刚进入某一具体领域，你或许没有以往相关工作的结果。然而，即便是新上手的研究者，也会有一些已获得的初步数据，这些数据应该放入项目申请书中。引言中的先前或初步结果部分是安插你的未发表数据或准备性数据的合适位置。将初步结果置于此处，你就为成功申请奠定了基础，也就是为你的研究计划赋予了成功的可能性或创新性。要避免过分夸大或过分强调以往研究成果的含义，以免影响对新项目的关注度。

在引言部分为研究奠定坚实的基础

正如一篇论文稿中的引言一样，你必须将关键构思、先前工作以及重要发表物囊括进来，这些内容可以使来自其他领域的有见识的科学家理解你的研究动机。同时，该部分在本领域的专家看来也不应太"小儿科"。Day 和 Gastel(2006)在他们关于科技论文写作的书中写到：一篇理想的项目申请书引言要使读者无须参考先前的相关文献就能够了解和评价该申请所提出的研究工作。

对于引言部分的组织，没有既定的模式，但我们仍建议从一般性内容写至具体内容。不过，有些作者也会反其道而行。试着使用多种方式来阐述你的观点,看看哪种方式对你来说是最简明、最有逻辑性并且最有吸引力的。特别需要指出的是,要注意这一部分的长度。经验不够丰富的作者常常会写入过多的背景材料。背景部分应当用来强调所提研究计划的必要性,要避免使用那些会削弱主旨的离题的材料。

项目申请书中的参考文献

请记住,在整个项目申请书中,你必须指明你的研究工作的重要性,在引言部分你可以强调研究的关联性及必要性。要尽量使用最近的、得到广泛认可的参考文献来支持你的观点,并引导读者了解你的具体研究目的。

在项目申请书中使用参考文献还有许多不确定的因素,以下是一些常见的问题(参见第十二章):

- 我应当引用多少篇参考文献?
- 引用哪些参考文献?
- 有些文献中的假设与我的看法有出入,引用那些文献会削弱我的论点吗?
- 我应该使用有争议的文献吗?
- 我需要用文献来验证我的方法吗?

我们常见的一个问题是应该使用多少篇参考文献。这个问题实际上涉及参考文献的质量,而非数量。使用重要的参考文献来说明或支持你的主要观点是有必要的,但是没有必要用十篇文献来说明你所提出的每个问题。应引用那些引领本领域发展的参考文献,并且务必包括与你的论点密切相关的任何最新文献。

文献综述必须被全面考虑。项目申请书常常因为遗漏"关键的参考文献"而遭到批评,所谓"关键的参考文献"就是那些关于某一研究课题的广为接受或有影响力的论文。如果你试图说明某一领域的文献有"断档",那你就必须格外谨慎地查阅文献,你当然不希望在自己宣称某主题没有相关论文之后被评审人指出你遗漏的参考文献。另一个需全面考虑的关键问题是,不仅要包括那些支持你论点的文献,还要包括那些与你的论点有冲突或难以解释你论点的文献。新手在项目申请书写作时常常会忽略这一方面,而很多评审人通常会参考正反两方面的所有观点,所以这种疏忽对项目申请书来说可能是致命的。要做到全面考虑还需要引用有争议的材料。如果你这样做,务必确保你对本领域中产生该争议的原因有所了解。如果这些论文为你的研究提供了重要的论证(即如果你将它们作为研究的基础),那就需要特别谨慎了。

问问自己是否每个观点或每篇论文都值得引用。要记住,你只能以有限的篇幅阐明主题。因此要避免那些不必要的细节、解释性语句以及与项目申请书相关性不大的话题,它们可能会分散人们的注意力,而且还会使评审人感到你并没有清晰地抓住与你的项目申请书有关的关键概念和问题。我们甚至看到过一些引言努力提供了与主题相关的所有背景,而唯独对研究者计划进行的工作只字未提!设想有一篇关于气候变化对土壤微生物分解影响的项目申请书,如果作者要从综述气候变化理论、温室气体随时间的变化以及支持与反对全球变暖的证据来开始引言部分,就会让人难以猜测该项目申请书的目的究竟是什么。这类引言没有起到有效的逐步集中的引导作用,也没有强调关键的论点,在气候变化、土壤湿度与土壤微生物分解之间的关系还未建立之前,读者可能就不耐烦地要进入下一部分了。

模型的作用

一些最具说服力的项目申请书的作者使用概念性的、图示的、综合的理论及分析模型来建构他们的研究问题及研究设计。模型在某些领域是标准的做法，而在另一些领域则不常见，但它们比文字更加有效。模型一般在引言和背景部分中提出，并常常在正文中以表格、图或一系列方程式的形式再次出现。应该使读者清楚了解所使用的模型是你自己的还是改编自其他文献。在研究项目申请书的形成过程中，很多科学家都会建立概念性模型或分析性模型并将其独立发表。

模型有多种形式。概念模型常用于明确研究的组成部分，或者用于说明通向中心主题或由中心主题衍生的过程。那种"方框模型"，即使用一系列方框或箭头来说明你的研究问题是如何融入大的研究背景之中，可能是有效的。

经验模型或计算也常用于整合介绍性和概念性的材料。很多成功的研究者应用计算机模拟或少量简单的计算对他们自己的工作或来自其他文献的数据进行分析，由此产生新的图表、示意图或综合数据，为当前的研究提供动机和观点。当你没有初步数据却想说明你的想法的可行性时，这尤其奏效。是否需要提供模型的细节（如具体方程式、参数来源、常数、层次结构等）取决于模型预测是否完全构成了你研究工作的基础。但是你必须确保引入模型不至于使问题更加复杂。我们建议你咨询那些曾经成功使用模型的同事。

定量模型也能从概念模型或定性模型中的更正式的数学表达形式中得出分析结果和预测。但是，要避免使用过于复杂或未经测试的模型，所用模型最好是那些首先在同行评议的出版物中发表过的。定量模型可以放在引言部分，也可以放在方法部分（第九章）。如果你的项目申请书的重点在于建立模型，很显然你就必须提供大部分详细的信息，那么模型可放在方法部分或者专门的模型部分予以讨论。如果你的模型只是一个用于解释或应用结果的工具，那么用简短的一段文字来描述，并附上

第八章 在引言部分奠定基础

几篇如何使用该模型的参考文献就足够了。如果你修改了文献中的某模型,但尚未发表你修改的内容,则应当特别说明你的修改。

目的及假设是引言的一部分吗?

引言部分常常以对目的和假设的简略陈述及简单讨论而结尾。目的和假设应可自然地从之前的背景材料推出。一些人倾向于将它们包含在研究计划部分(第九章),或将它们作为项目申请书的一个单独部分。无论哪种情况,它们必须与引言部分的材料在逻辑上吻合。NIH 型项目申请书中的具体目标通常不需要再次重复。然而,有些作者按照目的不同将整个背景部分分成若干部分,每部分带有各自的标题。

在有些情况下,有必要提供参考文献来说明某些具体手段或方法的应用,或者某些特殊类型仪器的使用。如果有些手段、方法还有争议或所用仪器十分新奇,那么你应该在引言和背景部分对支持你项目的文献以及初步结果加以说明。评审人对于成功使用这些方法的证据非常感兴趣,他们需要评估拟开展的研究工作的可行性及重要性。

精心编写引言部分

在写作与组织引言部分时需要强调三个问题:

- 关注重点,并建立它们与你的项目申请之间的相关性。
- 篇幅不要过长。
- 使用示意图、模型、标题以及格式编排等来引导读者并表明项目申请书的方向。

引言部分常常会写得过长。通常三至四页单倍行距的长度较合适。请记住,这是 NSF 型 15 页项目申请书中大约 1/4 的篇幅。为了充分利用这有限的篇幅,你必须精心地选择材料,这样才不会削弱你的主题思想。要有策略地组织你的观点从而引导读者了解你的研究,使用标题、图和表格等来分隔文字部分。向读者解释为何使用段落标题、分段标题、主题句、过渡及路线图来说明具体细节,例如为了引出下文,我们可以写下这样的过渡性文字:"接下来的部分中我们将建立一个针对……的框架。"

背景中的某些部分可以用图或表来适当总结。如果你自己绘图并且对文献中精选论文的内容进行了综合,这样的图表会令人印象尤为深刻。与两三段乏味的文字相比,评审人通常更喜欢查看插入文字中的图或表格。

最后需要注意的一点是,要阻止过早给背景部分定稿的念头。新手可能会在敲定假设或具体目标部分之前就给背景部分定稿了。尽管这样有利于在撰写申请书的早期阶段就收集必要的背景材料,但是最终你还是需要根据你确定的假设和目标对背景部分进行裁减并使其内容集中到你的主题上来。通常,与你想明白后再动笔写作相比,对一个章节进行重写或编辑是较为困难的。

引言和背景写作训练

将撰写研究项目申请书中的背景或引言部分进行单独练习是非常困难的。与先前所建议的一样,阅读并评价其他的项目申请书,并让别人来评价你的写作,都是最好的准备练习。可以考虑将好的综述文章作为有效背景部分的模板。一篇有说服力的、综合性的综述文章通常会将文献组织在一起来为一系列重

第八章 在引言部分奠定基础

要猜想提供支持,或者揭示出现有知识中存在的重要缺陷。在这方面,它与项目申请书中的背景部分有类似之处。

第四章的练习是用于建立构思框架、项目摘要以及基本的定性或定量模型。所有训练都要求你在现有文献内容的背景上或自己的初步结果中草拟出你的问题,所以它们也是练习引言或背景部分写作的一个准备。特别是练习三,它意在筹划一个或一系列模型的构建,从而有助于确立构成引言部分模型基础的各步骤之间的重要关系。

最后,可以图解性地对研究设计的各要素进行总结。试着构建几个可以帮助你口头描述研究计划的图表或示意图(如下图所示)。如果该方法证明有效的话,你可以选择使用该方法来架构项目申请书的引言部分。如果你的引言部分很成功,读者就会愿意认真思考你设计的用于检验假设以及实现目标的研究计划。

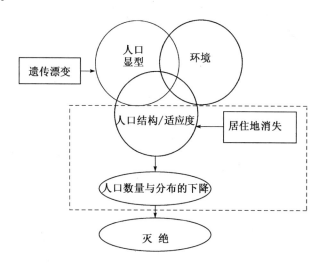

该模型显示人为的生境丧失对种群的结构和适应度、分布以及灭绝的可能影响。其中,虚线标明所假定的项目申请书将要研究的领域。该模型修改自 Gilpin 和 Soulé(1986)。

第九章

实验设计和方法：你实际上将做什么？

引言和背景应该为读者提供充分的材料,使读者能够正确理解你的研究目的、假设或目标的意义。接下来要精心准备的就是 NSF 称之为"研究计划"的部分。这一部分包括研究内容的实施、分析和解释的实质内容,也是让读者确信计划能够圆满完成的部分。

以下是我们建议的研究计划内容的陈述顺序:

Ⅲ. 项目描述(接第三章)

A. 以往受资助研究的结果(第八章)

B. 对研究问题和意义陈述(第四章)

C. 引言和背景(第八章)
- 相关文献综述
- 初步数据
- 概念模型、经验模型或理论模型
- 研究手段和新方法的合理性

D. 研究计划(本章)
- 研究设计概述
- 目的或具体目标、假设和方法
- 分析和预期结果(参见第十章)。
- 研究计划的时间表(第十一章)。

研究计划通常被分解为几个单独的部分。本章中我们主要涉及有关研究方案和研究方法的内容。其技巧就是要避免纠缠于细节。在撰写项目申请书的这部分时,你必须问问自己:"太多、太少还是刚好?"细心的评审人会在评估你的设计、方法和分析部分时问到以下几个关键问题:

- 这些是解决具体问题的正确或最佳方法吗?
- 方法是否经过验证并被适当引用?
- 在允许的时间和支撑条件下,这些方法是否可行?
- 研究的精度或广度是否足以解决你所提出的问题、假设或目的?
- 研究人员是否会使用所有这些技术?
- 该研究将会产生哪些重要的创新成果?

组织研究计划

研究计划的组织因作者和学科而异。其目的在于,在提供重要的方法性、技术性和分析性细节的同时使读者关注研究的意义、目的、具体目标和假设。有很多种方式可以很好地完成该部分。在这里我们举两个曾提到的关于有效经费申请的例子。

模式 1:在该模式中,总体研究方案和范围在简短的开始部分中用一两段话加以介绍。通常的标题有"研究设计和范围"、"实验设计"、"研究方案"及"总体方案"。这一部分用以使评审人关注研究目的。当研究计划包括几个全然不同的部分,而每一部分又涉及不同的研究方法和手段时(如研究体系、抽样程序、分析技术、野外实验,等等),这一部分就尤为有用。一开始就要对联系所有这些方法的整体计划进行说明。

必须从引言和背景部分有逻辑地引出各种信息。要提供证据证明你的设计是解决你所认定的重要问题之最佳和最合适的方法。不要仅仅重复前面的话,可以把关键的假设罗列成表或利用图将假设、方法与具体的研究目的或目标相关联,由此来节省篇幅。

有些作者将具体的研究方法予以单独撰写,将其称为"方法与材料"、"实验方案"等。叙述方法的顺序应与文中目标和假设的顺序相一致。将复杂的研究过程列成表很有益,而适当地使用普通方法也很必要。务必弄清楚哪些方法对应于哪些问题或假设。另外,还有必要再加入一个部分来提供数据统计分析方面的详细资料。

研究计划、方法和分析的模式1格式

研究计划

1. 概述研究计划及其合理性
2. 方法和材料
   ——抽样程序
   ——培养方法
   ——实验方案1、2、3等
   ——技术步骤等
3. 数据分析

模式2:在该模式中,每一研究目的及其相关假设都与对其进行验证的研究计划及方法一同提及。例如,设想你有几个目的,每个目的都有其衍生出的假设。根据这种情况,你分别提出每个目的,随后提出具体的假设以及用于检验假设的方法。这种顺次排列法会非常有效,因为每个检验直接跟在每个问题之后提出。但是在一些情况下,你可能会发现需要重复先前方法中的材料,这会显得单调乏味。用这种格式写作,作者还可以直接在方法部分后面介绍分析的内容,而不必将分析部分独立出来成为一节。

研究计划、方法、分析的模式2格式

研究计划

1. 目的或具体目标 1

假设 1A

——针对假设 1A 的方法、材料和方案

——数据分析

假设 1B

——针对假设 1B 的方法、材料和方案

——数据分析

2. 目的或具体目标 2

假设 2A

——针对假设 2A 的方法、材料和方案

——数据分析

假设 2B

——针对假设 2B 的方法、材料和方案

——数据分析

……

撰写方法部分时需要考虑的内容

你的研究设计和方法部分既是为了让读者相信你的研究计划是可以实现的，同时又强调和支持了创新的方法。评审人会对设计的正反两方面进行考虑，从而仔细评价该部分内容的优劣。他们在阅读项目申请书时会提出以下一些问题。

<u>这些是解决具体问题的正确或最佳方法吗？</u> 也许评审人的最终问题会是：你所提供的说明及方法是否最切合实现研究目的及验证假设的需要？尽管将方法与目的相匹配听起来很简单，但一些评审人认为方法不合适是项目申请书不成功的一个最常见弊病。

第九章　实验设计和方法：你实际上将做什么？　　89

考虑以下有关假设的例子。一位研究人员计划调查铝对某一特定鱼种的繁殖和死亡率的影响。作者令人信服地论证了该研究的必要性及其价值，所以评审人一开始对此持积极态度。但在他们阅读了项目申请书的设计和方法部分后，他们发现了该研究的致命缺陷。研究者打算测量鱼体内组织中铝的总水平。但最近的研究表明，铝在自然界以多种化学形式（类型）存在，并不是所有的类型对鱼类都有毒性。而且，在一些情况下，金属的毒性类型与其总浓度无关。评委推断，该研究人员可能将做毫无意义的研究，他们开始对作者所做的前期准备及其对所属领域当今发展情况的认识表示怀疑。在这个被简单化的例子中，问题和假设都很合理，但拙劣的方法却让人质疑其工作价值以及作为科学家的能力，这最终导致申请失败。

其他很多问题的产生也是由于选择了拙劣的方法，特别是当本领域内对最佳、最合适的方法尚无定论时。例如，"最佳"（最快且最有决定性的）方案通常比其他可行的、可使用的方案更受欢迎，除非其在使用中存在严重缺点。但是，有限的资源或不易获得的特定仪器会妨碍你使用有利的技术。你也许会提出使用低廉的方法来解决问题，但这个方法必须同样精确可靠，否则即便评审人对你的处境表示同情，他们也很可能会反对。在形成想法的过程中，如果能够考虑新方法和新技术的使用成本及使用机会，将会非常有益。

<u>研究方法是否经过验证并被适当引用？</u>并非所有审阅你工作的评审人都是你所在研究领域的专家，所以你必须证明你的方法是适当的。适当地引用成熟的方法及其应用就足够了，没必要花篇幅去描述已被证明效果良好的技术。创新的方法及新颖的技术可能会受到高度重视，但是新方法或颇有争议的方法则需要得到论证以及明确的支持。最使人信服的支持就是有关其可行性的文件。我们曾经提交要求改动或发展新技术的经费

申请书。当我们能够提供初步数据或计算结果表明该方法有望成功时,这些申请会非常有效。曾经有一个项目申请书被资助了一小笔经费(申请数额的 5%),专门用于获得验证可行性的初步数据。

需要初步数据在科学界是个公认的怪现象——在申请经费时你需要一些数据,但是你只有得到经费才能进行这些工作。一种解决办法是与那些已经得到你所期望之结果的科学家合作,而另一种解决方法是申请小额的发展经费。

<u>在允许的时间和支撑条件下,这些方法是否可行?</u> 还有其他一些有缺陷的方法问题会使你的申请失败。例如,在一些情况下,方法也许是可行的——它们会按你所设想的那样进行——然而在你所处的具体条件下却不切实际。你的计划必须就你的时间和资源来说是合理的。

有些人似乎认为,计划内容宁可多一些,也不能太少。研究生常常构思出需要几篇学位论文才能完成的项目。大度的研究生委员会或许可以接受这样的项目,然而经费资助机构却不可能接受如此"不着边"的申请。计划内容过多会让人对你的判断能力产生怀疑,并且评审人也无法得知你是如何区分研究内容的重点的。较为有效的方法就是告诉评委并使他们相信你能够按你所说的去做,他们也会为此细察你申请书中的时间安排(第十一章)。

研究的精度或广度是否足以解决提出的问题、假设和目的? 当你已表明你的研究问题将通过你提出的方法来适当验证时,挑剔的评审人会对你处理数据及进行统计分析的方法进行评估(见第十章)。一份有效的项目申请书会表明,你理解了并且提出了与你特定的实验设计、样品数量以及实验可重复性相适合的最好的、最有力的分析手段。可以与同事和导师讨论数据分析问题。在某些学科中,数据分析中的错误常常是造成计划得不到资助的主要原因之一。

研究人员是否会使用所有这些技术？评审人会询问你和你的合作者是否具有专业技能来完成该项研究。在大多数研究领域中，存在一些困难、昂贵或费时的实验技术或野外方法。如果你想运用这些方法，你不但要证明它们是适合、可行的，而且还要证明你有资格使用它们。那些来自你同学或同事的证明、你的初步数据以及经同行评议后发表的论文都能用来评价你运用某一技术或方法的能力。如果你正尝试某些"新鲜事物"或者你是某一学科的新手，你可能无法在项目申请书中证明这一点，如果是这样，你可以试着与该领域中受人推崇的科学家合作（Reif-Lehrer 2005）。如果能证明该"专家"同意指导你或者对样品、方法或技术进行了校准或核查，那就足够了。当你从事较复杂工作的能力受到质疑时，形式更为正式的合作（如"转包"）会更好。很多机构都鼓励多学科之间的合作，与能力互补的人进行合作是一个极佳的选择。

研究将会产生哪些重要的创新成果？每个有效的项目申请书都会对研究的预期结果做出总结。项目申请书中常见一个名为"预期结果"的特殊部分（第十章）。研究的预期结果必须是现实的和重要的。有时研究人员会列出他们将要获得的具体条目（如基因库、标本集合、新的药物疗法），而另一些人的结果则不太明确（如拓展对某一主题的了解、验证一个未经验证的理论）。预期结果应该紧跟在意义陈述部分之后，并在一定程度上解释该研究是如何与广义的研究目标相联系的。要明白，评审人会带着这些印象对你的工作进行评估。

确定所包含的内容

项目申请书与研究论文稿在方法和实验设计部分有本质的

不同：项目申请书必须为评审人提供足够的信息以便评估你的方法，但不必提供足以使他人重复你工作的所有细节。有时你需要具体罗列各个方法，特别是当你使用未发表的或新的方法时，但通常情况下你只需要引用先前的工作或标准技术就可以了。提供太多的信息会削弱你项目申请书的力度，而提供的信息太少又会使读者质疑你的工作能力。与同事商量或咨询具体资助机构的计划主管会帮你确定提供多少信息最合适。正如你评估每篇参考文献的作用一样（第八章及第十二章），你也应当对每种方法具体细节的必要性提出疑问。

所有的项目申请书对测量方法或实验方法的要求各不相同，所以不可能为研究项目申请书的该部分列出条目清单。以下列出了大多数情况下方法部分所应包含的要素，你可以参考你所在领域的项目申请书以获得更多具体的信息。

研究计划的概要。大多数项目申请书都包括一个对整体方法的概述或简短介绍，这既充当了"导览图"，又说明了你的研究手段的合理性。

研究地点、物种和体系。如果你的工作依赖于某一生物、地点、基因、模型体系、化学产品或工艺，抑或一种专门的设备，你应该在此进行描述。提供充足的信息使读者了解你的研究体系。这一点对于并非你所属领域的专家来说尤为重要。与计划主管讨论评审人的背景，以便确定所需细节的多少。

方法。如果你所使用的技术是众所周知的，那么写下"按照……方法(1997)进行收集和分析"就足够了。如果所用方法是新的，是由你发明的，或并不为人所熟知，则透彻的说明以及证明就非常必要了。如果所采用的方法中存在任何可能会影响结果解释的具体限制，则要清楚地说明这些限制及其隐含意义。由你自己指出这些问题要比评审人提出好得多。

数据分析。如果已获得了初步数据，接下来要说明你将如

第九章　实验设计和方法：你实际上将做什么？

何使用或分析它们,以达到你的目的或验证你的假设。如果没有这样的数据,则考虑从文献中找出数据来说明你所期待的结果,并说明你会如何分析将要得到的数据。使用初步数据或"(文献)综合"数据来制作图表,或进行统计分析。解释这样的数据结果,这不失为一种好的方式(参见第十章)。

<u>样品/数据保存及存档;数据的完整性</u>。如有必要,不妨说明你对实体样本或数据(以及任何你所使用的方法)进行保存、存储或存档的打算。在许多情况下,这样做非常有益。例如,资助机构可能会要求你向其他研究人员提供数据或样品;即使未作要求,让其他研究人员能利用你的数据,也可增加项目申请书的说服力。你也可以依此而计划后续研究或对比研究。如果是这样,则保持样品或存档数据的完整性是非常必要的。

方法部分的写作练习

<u>评价其他项目申请书</u>。我们再次建议你首先对你相近研究领域的其他项目申请书进行评价。思考它们所提供信息的范围以及介绍相关内容的方式。像评审人一样使用上述所列举的问题来评价项目申请书,如有可能,对成功和不成功的项目申请书都进行研究。不成功的项目申请书可以告诉我们哪些是无效的表达方式,哪些是常见的缺陷。一些作者可能会乐意与人分享评审人对成功的和不成功的项目申请书的评语。评审人常常对主要缺陷直言不讳,这些缺陷经常出现在方法和手段部分。

评价下列两段摘录,它们来自受资助项目的研究设计部分。

一旦确定与基因 APETALA3(AP3)相互作用的精确碱基,我们计划通过位点特异性诱变使特定碱基发生改变(Kunkel et al. 1987)。一经诱变,我们便将其与融合有 β-葡葡糖醛酸酶(GUS)的野生型 AP3 启动子进行克隆。然后将这些构建体转化进植物拟南芥并杂交以观察它们是否激活 GUS 报道基因。如果单个碱基变化破坏了 AP3 的自我调节能力,则无疑证明该诱变序列介导了自我调节作用。

来源:T. Jack

在每个河段内,我们将勘察从峡谷的一边到另一边的三至四个河道截面(Feldman 1981),所得数据将用于随后的水力建模。勘察截面可通过 Topcon AT-F6 自动水平仪来实现。我们将使用标准技术及 Wolman(1954)以及 Hankin 和 Reeves(1988)等的技术来测量浅滩、水道、池塘的沙砾大小。通过使用 Jarrett(1985)所建立的针对高水位河流的典型陡峭截面的经验关系,我们将确定河床粗糙度效应(主要是河床颗粒大小与倾斜度之间的关系)。

来源:P. F. McDowell 及 F. J. Magillgan

练习六:(接第四章及第七章中的练习。)为你研究项目中的研究设计和方法准备十至十五分钟的口头陈述。如练习一到五中那样,要强调你的研究与先前较大范围内的理论和实验研究之间的关系。在十五分钟内要做到这点很难,但在尝试的过程中,你将会逐渐做到言简意赅。你可能想多练习几遍,因为你的同事或同学会向你反馈你在逻辑上的错误或表述不当之处。向各个领域的人征求意见可以有利于剔除你陈述中晦涩的语句。

在你完成方法部分及研究计划之后,再征求对你文字表述的意见。为了便于其他人反馈意见,可以先列出一些问题(如,我对于如何抽样的叙述是否清晰?你是否明白我将如何处理这些数据?)。在圆满完成这部分后,你的申请书就基本完成了。相对而言,余下的工作也就不太重要了。

第十章

为预期及预期外的成果作计划

优秀的科研项目申请书通常在研究计划部分之后或在其中包括一个部分用以提出预期成果,并对其含义进行清晰讨论。然而,即便是设计最为缜密的计划,在执行过程中也会遇到障碍或出现预期外的情况,这将要求重新思考最初的规程,重新设计实验,对原方案进行增删。

在我们对同事进行调查的过程中,我们惊讶地发现,他们十分注重同时考虑可能的和不太可能的结果。他们认为,做好准备迅速改变研究方向或对非同寻常但很重要的结果做出快速反应的研究者常常会得到最令人振奋的成果。科学中充满了戏剧化的例子,一项重大突破可能源于一次偶然的失败实验,或者是一项不相关项目的副产品。因此,我们建议你在讨论预期成果的同时也思考一下预期外的成果或不太可能发生的结果,为此我们提供一些在你的项目申请书中表述这些问题的方法。

清晰说明成果

对预期成果的认真考虑不仅能展现申请人的科学能力,同时也表明了申请人所做的充分准备。通常,项目成果或实验结果都是可以适当预测的。这并不表示研究单调乏味,而是简单地反映出作者已经有效建立了假设和模型,仔细检索了文献,从其他体系的研究成果中得到了启发;当然这也可能只是有一点运气而已。

有很多种在项目申请书中清楚说明预期成果的方式，试试以下几种。

● 绘图说明你所预料的关系，并讨论你的分析和解释。针对预测的结果可能最终并未出现的情况，你要对相关的解释做简短的讨论，说明这种非预期结果的出现对研究的总目标意味着什么。在很多种情况下，作者都会进行较详细的分析描述，这对解释结果是很必要的。当分析比较新颖、困难、离奇或有争议时，重视分析就显得尤为重要。

● 用图解方式表述你为不同结果所做的准备。如果你所提议的每个事件都依赖于一个特定结果，而该结果却可能不会出现，那该研究会被视为非常冒险。解释清楚每条途径都会带来有价值的和有趣的结果。尽管冒险的研究有时显得必要（如，当那种收获值得冒险时），但当各种备选结果都能通往有意义的途径时，研究就会更有希望获得成功。

● 建立模拟模型来预测可能的结果（见第八章）。

● 估计备选结果出现的可能性。有些项目申请书会将替代性的假设和结果列在一张表格中。在特定情况下，"替代性的"选择可能会要求一个违反逻辑的机制。如果是这样，与两种机制都似是而非的情况相比，基本上就不需要什么解释了。预计一下不大可能发生的事情是值得的，因为从不同角度或不同学科来的评审人可能会考虑你所想不到的问题。通过考虑不同的可能性，你将确定研究中某些需要特别解释的方面，从而使你的申请书能适应更宽的读者群。

由于其他各种因素对你的申请书的限制，对于预期与预期外结果的讨论将很可能被约束在几段话或几张图之内。你所需要对之进行讨论的范围将在一定程度上依赖于不同的结果对你的研究设计、假说以及更广泛目的的影响。

关于这类材料应该放在申请书的哪一部分,作者及评审人并没有一致的看法。一些作者会在申请书的方法和假说部分对结果进行讨论,而另一些会在项目申请书临近结尾部分进行讨论。这部分的标题可以是:

- 预期结果及其更广泛的意义
- 未来趋势
- 相关研究
- 模型的局限性及潜力
- 模型证明

第十一章

时间表应经得起现实的检验

简单而有条理的时间表对作者和评审人都很有用。设计一个时间表有助于你评估各研究任务间的联系及研究各部分所需的时间,并预测完成该计划项目所需要的资源(人力和财力)。这个思索过程使你更有可能正确地对有关项目进行预算,进而成功地实施所申请的项目。在某个经费周期的结束阶段,你也许会决定再次申请经费以继续研究工作。倘若你低估了原有项目所需的时间和预算,你就需要在新的申请中进行调整。

尽管正式建立时间表一般会放在项目申请书其他大部分章节完成之后,但最好是在规划研究计划时就认真考虑具体工作所需要的时间。构思良好的时间表会向评审人证明你仔细地评估了项目所需的人力及财力。一个现实的时间进程会表明项目是可行的,并为你的判断增加信心。如果评审人发现时间表过于乐观,他们可能会怀疑是否应该支持这个计划。在这一方面,那些与你申请的项目有过类似项目研究经验的科学家会为你提供最好的帮助。

设立时间表

在NSF所规定的经费申请格式中,时间表一般出现在项目描述的最后部分(见第九章),即参考文献之前。时间表没有定式,但项目重要事件的开始和结束一般都按时间顺序排列。有时作者仅仅列出主要的研究任务及其目标完成日期,而另一些作者则使用更精细的图表。总的来说,时间表不会超过一页。如果对特殊任务的要求需要说明,则将其放在附注的段落中。

时间表包含了很多种不同类型的信息,如:

- 各野外工作或实验阶段的始末;
- 仪器制作、新设备购买或新技术开发所需的时间;
- 基因库建立、特殊菌种培养等所需的时间;
- 计划使用别处设备的时间(如,望远镜时间、大型质谱仪、深海鱿鱼取样等);
- 监控程序的起止日期;
- 预期结果的发表时间。

正如我们的一个朋友所说的那样,不论你的时间表计划得如何仔细,在某个时间点"科学和现实总要相遇"。我们每个人,即便是有经验的研究者,也可能低估不同任务所需要的时间。一个好的指导方针就是先估算出某件事所需要的时间,然后翻倍。尽管这样可能时间还是不够,但相差也就不远了。

这里有两个例子供你在制定时间表前做参考。

例一:

虚构的对两栖动物分布密度及呼吸作用为期一年的研究时间表

2009 年 6 月
- 定制设备
- 接收、测试、校准设备
- 选择地点并测试取样方法
- 设置温度监控站

2009 年 7 月至 10 月
- 收集连续的温度数据
- 每周进行两栖动物收集及测量

- 每月评估两栖动物的分布密度

2009年11月至2010年5月
- 分析数据，进行统计测试
- 建立"呼吸/密度"模型
- 准备发表论文
- 提交结题报告

例二：

以下是对于细胞内外信号调节细胞分裂与分化的为期四年的研究时间表。

项目时间表	第一年	第二年	第三年	第四年
克隆 pex-1 分子	×××	—	—	—
pex-1 功能的分子研究	—	×××	×××	×××
pex-1 分子的基因表征	××	××	××	××
研究 RAS-MAPK 活动性的空间调节	—	××	××	××
筛查粗线期退出突变体	×××	×××	××	×
筛查 RAS-MAPK 抑制物/增强物	×	××	×××	×××
新筛选到的 pex 基因的特征	×	××	××	××
解析粗线期退出过程的细胞调节	×××	×	—	—
检测 PKA 以及 cdc2 在粗线期退出中的作用	××	×××	××	×××
RAS-MAPK 以及有丝分裂信号传递	××	××	××	—
UCN 死亡的研究	×	××	—	

注释：—＝已做或未开始。×＝投入低百分率的力量。××＝投入中等百分率的力量。×××＝投入高百分率的力量。

来源：摘自 Lambie，达特茅斯学院。

第十二章

文献引用的数量和新颖性

对于一个优秀的项目申请书而言,正确引用并适当选择参考文献是非常重要的。仅靠参考文献不能决定是否可以获得资助,但文献引用失当就意味着准备不充分,并会削弱原本可以做得更好的申请。引用文献可以用最少的文字给读者传达重要的信息。没有经验的作者有时会发现难以决定文献引用的频度及位置,而且不知如何在众多相关文献中作出合适的挑选。下面是如何在申请书中进行文献引用的原则,以及对于一些常见文献引用问题的总结。

基 本 要 素

引用哪些参考文献?这对于项目申请书和研究论文的作者来说是一个基本问题。你所作的选择在很大程度上表明你的观点和你对所在领域目前状况的了解(参见第八章)。在一个特定的主题中引用众所周知的重要文章是非常明智的。也应该利用那些能直接说明你的研究体系,甚至具体涉及你的研究问题的参考文献。我们再次强调不带偏见的重要性,即要引用那些与你的观点有争议的文章,并要直接阐明观点的不同之处。你应该尽可能地依赖新近发表的文章,即使在某些情况下早期文章仍会被人们当作具有重大影响的参考资料。总的来说,大多数引用的文献都该是在近十年内发表的,而引用一些最新的文章会使你的申请显得很新颖(说明你在掌握文献上与时俱进)。

撰写论文时的文献引用规则同样也适用于项目申请书。例如,只要有可能,就要引用经同行评议过的工作。要谨慎使用那些未经同行评议的文章、报告、未出版资料及私人通信。可以引用自己的作品,但不能过量。

评审人总要衡量你的申请书是否包含了最恰当和最重要的参考文献。务必保证这个问题的答案是肯定的(见第八章)。要考虑谁有可能评审你的项目申请书(见第一章)。要意识到评审你的研究工作的科学家可能正在做一些最好的以及最相关的工作,所以引用他们的文章是明智之举。

最后,引用那些你确实阅读过的文章。作者偶尔会照搬其他文章中引用的相关参考资料,这样做是很危险的,因为通常文章内容的些许变化就会使引用变得无关。评审人会发现这种粗心的情况。

引用多少文献?"按需选择,适可而止"之类的典型回答是非常模糊的。总的来说,引用所有那些对建立可信性或可行性很必要的论文,而对那些只提供背景材料和起支持作用的参考文献的引用则要加以限制。在说明背景时,应引用少量最重要或最有影响的论文。在某个陈述之后列出五篇以上的论文几乎没有必要。如果一篇文献足以说明问题,就不必引用更多的。为本学科内众人皆知的事实做大量引证只会显示出作者的无知。

所有引用都应准确。你所引用的参考文献必须正确无误,特别要注意出版日期。我们当中有一位就因为文中所引的几篇文献与论文最后的文献列表不吻合(出版日期在两处不相一致)而受到惩戒。一位评审人写道,若他(她)不能看到直接的研究数据,则参考文献是唯一可用来检查并决定作者是否仔细及严谨的材料。该评审人还说,如果文献引用中的错误代表着我们对所做研究的关心程度,那我们的研究工作可能不够审慎。这些话说得有些严厉了(我们认为!),但这也表明了科学家对于草率行事的强烈反感。

常见问题

这里有一些简单的例子说明参考文献所在的位置及数量是如何造成意义含糊不清的。所有参考文献均属虚构。

参考文献过多或过于模糊

"空气污染通过很多方式对植物造成影响(Browner 和 Bowles 1994,Kramer 和 Berger 2001,Smith 和 White 2003,Pearce 和 Omer 1999,McPhee 等人 2006)。"该陈述一开始就非常模糊,很难援引文献。所列的这些文献要表达的意义不够清晰,如果你使用这种开放式的陈述,可选择一到两篇综述性文章来支持。

"空气污染通过很多方式对植物造成影响(如,Smith 和 White 2003)。"这就表明 Smith 和 White 所写的是一篇讨论空气污染以多种方式影响植物的综述性文章。如果 Smith 和 White 只提出了一种空气污染影响植物的方式,则上述的引用方式就不妥当。

参考文献在文中的位置不合适

一些新手倾向于把所有的参考文献都放在一个段落的最后,而这些参考文献在段落内可能指向不同的句子。这会使人非常迷惑,并会削弱参考文献的影响力。

请将下面两句话做一下比较。

虽然藤本植物对河岸植物的影响问题已有一些研究,但还没有对于该影响的整体分析(Asanti 和 Laszlo 1991,Schwartz 等 2004,Jones 和 Smith 2005,Fullington 1977)。

虽然藤本植物对三角洲(Asanti 和 Laszlo 1991,Fullington 1977）及河口（Schwartz 等 2004，Jones 和 Smith 2005)植物的影响已有所研究,但还没有对于藤本植物对河岸植物影响的整体分析。

第一句话表明句末所引的四项研究工作指出了整体地分析藤本植物对河岸植物所造成的影响的必要性。第二句中引用了在三角洲和河口的具体研究,而在句末没有参考文献则表明了在作者之前尚无有关藤本植物影响河岸植物的整体分析。

不正确的或缺乏权威的参考文献

在参考文献部分中加入某一论文就意味着你已经阅读过该论文并理解透彻了。引用时要仔细,如果引用文献不正确,文献的作者就会不愉快。

引用符号的含混使用

有些文献可以作为你的观点的例子,有些则在某些方面支持你的观点,而有些则提出了与你目前观点相类似的看法,不要将它们混淆起来。请注意：e. g. = such as；i. e. = that is；cf. = confer。

撰写参考文献的练习

在准备选择参考文献之前需要做下面几项事情：

- 检查相关申请受理机构所要求的文献引用格式。
- 利用软件包为你的项目申请书建立参考文献库。

这里有一个简单的训练方法：阅读由一位非本专业的同事或同学所写的段落,检查每个参考文献,并考虑它所处位置的原因及它所给出的含义。与作者共同探讨一下,看看文中是否正确传达了预期信息。当你不熟悉所引用的参考文献时,该练习是最有效的方法。在自己引用文献时,可采用同样的方式。

第十三章

准备预算

第十三章

抱瓮而灌

大多数科学家会在申请书其他部分完成后才写预算。不论你是准备向国家科学基金会(NSF)申请 250000 美元或向你所在院系的研究生基金会申请 250 美元，这些预算都要遵循一些基本原则。最重要的一点是要考虑接受科研经费资助时的相关道德问题。你必须依照资助条款，将经费直接用在研究上，对数据的真实性及合理使用研究费用担负全部责任。

撰写预算要求细致的计划和对机构管理及一般行政费用的详尽了解，以及对设备购置、研究助理工时、材料费和差旅费等相对精确的估算。出于职业道德和实际原因，我们建议你对研究费用进行最精确的估算。尽管一些资助机构在一定程度上对经费管理比较灵活，允许不同类别间的费用可以在研究进行过程中相互转移，但另一些机构却严格得多。不论是哪种情况，支出越符合最初的预算越好。

事实上，所有的联邦机构都要求项目申请书的预算要通过 www.grants.gov 递交，所以你的预算几乎可以肯定要通过你的基金部门提交而非你自己提交。

费用的范围

预算准备需要经验，经验越丰富，这个过程越容易。所有的联邦资助机构和大多数基金会都有正式的预算专栏将预算按要求、条款详细列出。通常他们都乐意为各项支出提供详尽的指南。你可以与你们学校基金办公室以及基金机构的计划主管讨论这些问题。在规定的申请截止期之前就做好预算工作，因为预算的最终确定和提交至资助机构有时会非常麻烦。大多数资助机构都会要求有你本人及你所在机构负责监管基金的专人签名。你可能得在机构代表给你的预算专栏签名之前找系主任、院长、教务长签字。

除了进行研究所需的直接费用外，所谓的间接支出，即一般行政费用，也必须包括在内。每个高等教育机构都会与资助机构单独协商这些费用，所以你所在学校会根据预算的不同种类告诉你具体的间接费用（如工资、差旅、材料等）。有时资助机构所确定的费用可能与你所在的高等教育机构的规定不同，因此你有必要与学校的经费管理者就此事进行协商。而且，大多数学校会对不同类型的研究（如校外活动与校内活动）收取不同的行政管理费用。最后一点是大多数资助机构限制由大型设备购买引起的管理费用。有关这方面的信息，与你所在学校的经费办公室联系吧。

对于某些预算要求，你有必要增加简短说明的附页。该说明将会解释为什么你会需要使用四千只试管或者在某个野外工作季节去野外地点16次。这里有一些最常见的预算项目种类：

● 薪水。人力费用是昂贵的，而研究是劳动密集型的。对于项目负责人（PI）而言，比较典型的是半个月、一个月或两个月的暑期薪水；有些项目设定了薪水上限，而有些则不允许支付PI薪水。对于其他研究人员而言，根据其用于项目的时间比率，需要指明他们所花的时间（如多少个月）。研究生生活津贴及大学生薪水也常被包括在内。每项薪水类型包含不同的费用，用于津贴和一般行政开支。在薪水和津贴方面有很多或新或旧的规则，所以你应当依靠你所在机构的基金管理人员来处理这些事务。

- 设备。大多数高等院校和资助机构对于设备都有明确的定义（例如，那些花费超过2500美元并可持续使用一年以上的设备）。应该在申请中说明实施研究计划所必需的设备。但是，如果设备过于昂贵而被禁止购买，你的申请就不易成功。任何可观的设备购买支出都应提前与基金机构的项目主任沟通，并就其适当性进行协商。对于大宗的购置计划，高等教育机构与资助机构有时会分摊费用，共同出资。但是这必须提前计划，因为这些安排一定要在提交前完成，这需要时间来协商。

- 材料。有必要将所有与完成项目相关的材料费用计算在内，包括实验室器皿、化学药品和试剂、野外工作的专用器具以及小型计算机配件等。

- 差旅。此项应该包含出差目的地及出差次数、里程、住宿费用及出差食补。说明出差的目的地（如野外作业场地、与合作者会见、会议、延伸项目、病患回访等）。了解你所在单位关于差旅的规定。人们常常会在某一研究进行到最后阶段因报告研究结果的需要而出差，但要记得各个机构都有其规则和限制。

- 杂费。这部分费用并不属于间接费用中所含的高等教育机构费用。这些费用可能包括计算机时或者为迅速交付时间敏感或者温度敏感的样品而使用的速递服务。与你系里的人或者资金办公室的人讨论这些项目以确定规则以及常规做法。

- 转包合同。该类型适用于在本人所在的高等教育机构之外进行工作的情况。此时，你必须遵守有关规定。

费用分担

资助机构要求研究者所在高等教育机构提供匹配经费或者费用分担的情况已经越来越多。一些费用分担的普通例子包括研究生津贴、仪器购置或者本科生的实习费用。费用分担能体现出高等教育机构对特定项目申请书的支持,也能使没有直接参与项目申请书计划的高等教育机构里的人员受益。

关于预算准备的最终思考

大多数科学家都会很细心地估算进行研究所需的实际费用,他们据此提交预算(参见以下表格)。我们强烈建议你这样做。但是,新手很容易低估所要做的工作量,因此,也就低估了所需要的经费。所以谨慎、细心、与资深同事或导师商议是非常重要的。准备一个合理的预算不仅会令你的申请更具竞争力,而且这也是符合学术道德的策略。

野外和实验室研究预算样本	预算明细	
	年度 1	年度 2
项目负责人		
1 月暑期工资	$8431	$8853
附加福利@30%	2529	2656
博士后		
全职	45000	47250
附加福利@25%	11250	11813
研究生研究助理		
全职	20000	21000
附加福利@15%	3000	3150

续表

野外和实验室研究预算样本	预算明细 年度 1	年度 2
兼职实验室技术人员		
每周 12 小时	7488	7862
附加福利@10%	748	786
夏季野外及实验室工作助理		
为期 10 周,每周 40 小时	4000	4000
附加福利@10%	400	400
差旅合计	1650	1650
往返野外工作地(来回程 100 英里×\$0.45/英里)	450	450
参加一次会议	1200	1200
材料合计	2000	2000
试剂	300	300
野外取样瓶、袋和工具	500	500
实验室化学药剂及容器	700	700
分析化学药剂	500	500
出版费用	1000	1000
设备	0	0
直接支出总计	107496	112420
非直接支出@50%	53748	56210
总预算	161244	168630
年度一和年度二的总预算		\$329874

第十四章

经费申请书的提交及追踪

如果你已经完成了项目申请书,那么恭喜你！现在你已经检查订正了申请书中的错误、排版、格式,并确信已经遵循你所在高等教育机构和资助机构的规划和指南,按要求准备了足够的副件或已检查了电子版申请书的提交规则。有些私人基金会以及州基金会接受纸版的申请书,大多数的联邦机构,包括美国国家基金会以及美国国立卫生研究院,只接受电子版的递交材料。获得NSF资助的研究人员一般仍将使用FastLane(美国政府的电子递交申请途径)来递交年度报告、修订预算以及递交附件等辅助活动。而联邦网站入口www.grants.gov是高等教育机构与联邦政府间的首要途径。

当你撰写项目申请书时,你很可能需要决定向相关机构递交申请书的合适方法——纸版还是电子版。对纸版递交而言,你必须确定诸如副件数目、推荐字体以及收据或邮戳的时间等重要事项。然而,目前的趋势是电子版申请——即使是特定基金会和研究生项目申请书也趋向于使用电子版申请——而我们最重要的建议就是在递交日之前很早就动手,尤其是当你第一次使用特定电子途径递交时更应如此。使用FastLane之类的网络系统使得多个研究人员的合作更加容易,它允许一个研究人员上传一份文件的草稿,而其合作者可以看到并且修改草稿。Grants.gov将很快具备这样的能力。其他关于电子版申请的提示可以从同事以及你所在高等教育机构的基金部门或项目资助部门获得。

尽管并非所有的机构都要求提供一封说明信,我们仍建议你考虑写一封。你可以将说明信添加在纸版申请材料中。FastLane 以及 grant.gov 允许递交额外的材料,一封说明信在某些情况下可能有用。在信中你可以描述工作的重要性,或讨论你与计划主管曾交换过的看法;如果你的工作属于比较难识别的领域,你的工作描述将有助于归类。在信中,你也可以提供一个你认为合适的申请评审人的名单(注意,他们不能是你的合作者、导师或学生)。在少数情况下,如果你有特殊的原因,也可以提出你不希望某人作为你的申请评审人。该信息将由资助机构秘密保存,但会被谨慎采用。大多数科学家从来不需要这样做。

如果你采用邮政信件提交申请书,我们强烈推荐你采用能够查验信件收发的服务。要确保你的申请书按时送达。如果你完成了所有准备工作,到最后却发现申请书没有在截止期之前寄到,那就太不幸了。如果用电子提交方式,你的申请管理机构在为你完成电子文档的呈递后,将收到一份确认函告知文档已成功上传。

申请书提交后会发生什么?

在电子版申请书出现之前,所有的项目申请书都将送达资助机构的邮件收发室里。数十、数百甚至数千份申请可能在非常短的时间内送达。无论申请书是以何种形式收到的(邮政信件或电子邮件),每一份项目申请书都会被编号或标记追踪链接。如使用 grant.gov 作为提交途径,系统会立即为项目申请书生成追踪编号。申请提交确认电子邮件(the application submission confirmation email)中也会有该编号,该电子邮件会发送给"机构指定代表"(经常是你所在单位基金办公室的成员)。

经 grant.gov 确认后，项目申请书被送至指定联邦机构，并将获得机构特定追踪编号。如果你的项目申请书获得资助，该编号将成为资助项目号。

通常，项目申请书被受理后，就会被送给一个或几个评审人进行评审。有些机构或私人基金会进行的是内部评审。更常见的是，负责评审项目申请书和经费拨款的人员将提供特定的评审人名单，由他们对你的项目申请书给出书面意见。这些特定评审人与基金会或其评审小组没有正式联系，他们是研究团体的成员，同意对某项目申请进行评审。他们的作用与科学杂志的投稿论文评审相类似。特定评审人是以很多种方式选出来的（如，通过你的文献引用部分、你的说明信、他们与资助机构以往的接触、他们在该领域的大体地位）。

在这些评审人的意见到达后，很多机构会安排由科学家（通常是该领域的权威，他们中的一些人曾经受到该机构资助）和本机构人员组成的评审小组对评审意见进行评估。一些美国联邦机构会让数个小组成员阅读每篇申请并在特定评审人所做出的评审意见后再附加意见。某位小组成员可能会作为"主要"阅读者将你申请书的主要观点提供给小组其他成员，并对特定评审意见中的问题进行评论。

该评审小组对每篇项目申请书都会进行讨论，并且通常会做出一个小组总结，以概括所申请工作中值得肯定和否定的各个方面。此评审小组成员也可能讨论该研究人员的资格与工作能力，然后申请书就会被排名或归类（如，"必须资助"、"可资助"或"不予资助"）。一般情况下由计划主管发布是否资助该申请的最终决定，并通知申请人有关申请的结果。大多数资助机构都会明确告知评审结果揭晓的日期，在该日期之前给机构打电话或发邮件不是明智之举。很多机构都在申请截止期之后的四五个月甚至半年之后才做出决定。

好消息通常最先被发出，一般在决定之后的一两周内申请人会收到。坏消息来得就比较慢。最后你会收到所有评审人的评审意见以及评审小组的书面总结。但是我们敦促你主动致电资助机构，询问有关申请失败的反馈信息，而不是长达数月地消极等待。我们建议你收到资助机构的决定后随时给该机构打电话，以一种可以接受的形式向对方了解你项目申请书失利的原因。

如果你申请成功，那么恭喜你！如果没有成功，也不要气馁。如今经费有限且竞争激烈，很多申请书在首次提交时均无法成功得到资助。你可能想要修改申请书并再次呈交给同一机构，仔细考虑评审小组的总结意见对再次申请非常重要。

第十五章

三"再":再思索、
再修改、再提交

如果你首次提交的申请书被拒绝，不必太失望，这种情况并不少见，修改之后的申请书通常会更加有力。一些资助机构会为你提供评审意见和评审小组的书面总结。你应该为你的申请能收到大量评审意见而感到庆幸。在研究问题上能得到很多反馈总是大有裨益的。每个科学家都会从评审人的评价和深刻的批评中获益。成功的经费申请者都会依据这些意见来改进他们的计划。

申请书被拒的原因很多，即使是一些很好的申请也未必能受青睐。为了在第二次申请时更好地抓住机会，就要认真考虑计划主管、资助机构领导或评审小组的建议。一定要思想开放，消除偏见——你没必要完全同意他们或采用他们所有的意见，但至少要做好准备在再次申请中更好地维护自己的观点。下面是关于重新思考和修改的一些一般策略。和你关系密切的那些同事或导师会告诉你如何对待具体的评审意见。

有效改进你的再次申请

我们当中有很多人花费数百小时来准备项目申请书，所以接受被拒事实非常困难，特别是当你投入了大量心血来做的工作却被几段话所否定时更是如此。你会感到某一评审人甚至是整个评审小组都误解了你，有这种感觉其实也很正常。如果你站在由于自己没有讲清楚所以他们没能理解的角度上考虑，这些经历对你很有用处。在你重新思考和修改申请书之前,要让自己的失望、愤怒和挫败感统统消失,尽量客观会增加你在再次提交申请时受资助的几率。

<u>思考评审人所作的评审意见</u>。重新通读你的申请书。此时距上次阅读可能已有好几个月了,所以你会用新的眼光来看待它。然后再看看评审人的评审意见。在你逐条阅读评审意见时,尽量将它们按"必须考虑"、"可以考虑"或"忽略"进行归类。

如果你认为所有的评论都属于第三类,那说明你并没有虚心接受批评。但如果三类情况都有,或主要是两类的话,你已有好开端了。认真考虑前两类意见,并找出你申请书中与此最相关的部分。注意问题出现的类型。比如,你可能会注意到大量的问题都与你的方法和假设相关,或者大多数涉及的都是你所研究的项目的范围问题。这样的思考会帮你找到你项目申请书中哪个部分最需要修改,或表达得最不清晰。

<u>编辑你的项目申请书</u>。你需要进行再思考、再修改和再写作的程度因不同的申请书而有所区别。我们的基本做法是像对待最初构思和起草项目申请书那样对待申请书的修改。

- 从大问题开始:问题是否清晰?评审人能否同意它们的意义?你所定的总体研究目标和研究计划之间的联系是否让人信服?如果这些方面受到的批评最多,你就有必要重新构思最基本的原则。

- 紧接着是将思考缩小至研究计划的具体细节。确定你的讨论是否会导致方法上的误解。你是否忽略了可能改变你的研究设计的重要论文?在分析和解释上有无差错?是不是忽视了可能改变最终结果的重要系列实验?

- 寻找能够影响评审意见的策略性错误。你的时间表是否现实?你是不是没有强调重点或者由于你的忽略而遗漏了它们?你的预算是否越出常规?

第十五章 三"再":再思索、再修改、再提交 　　131

- 与你的同事讨论你所受到的批评和你的答复。

最后,请记住,评审人所做的评论有时是站不住脚的或者不相关的,但如果你能遵从上述步骤来做修改,你的申请书将会在很大程度上得到质的提高。相对于第一次提交申请书,你现在拥有一个重要的额外有利条件,就是你知道一些评审人可能会关心什么。在修改时要利用这些信息,这非常有益。

撰写再次提交的答复

大多数资助机构要求先前被拒的申请书在再次提交时要提供一份答复信作为申请材料的一部分。一些资助机构甚至要求针对以往评论的逐条答复。再次提交申请的答复有几段话就行了,因为那是作为申请书主体的一部分,受到篇幅的限制。就如回复研究论文的同行评审意见一样,在答复信中应总结评审人的主要评审意见(积极的和消极的),说明修改是如何结合这些意见进行的,并解释没有结合某些意见的原因。

再次提交申请的答复在很多方面具有价值。首先它允许作者能够仔细考虑每个评审人的评审意见并检查对这些意见的回应。其次,它保证一些机构能记得你的申请。如果原先的评审人认为你的申请书写得挺出色,而唯一的缺点在于方法,那你就应该在修改后的申请书中提醒评审小组想起这一点。该答复会给该机构施加压力,使其承认以前的评审意见,即便修改后的申请书将要面对的是新的计划管理人员和新的评审人。其三,它会促使他人注意你改进的地方。

有些机构要求将再次提交申请的答复放在项目介绍之前,有些则要求放在参考文献之前。答复有时也可能放在你的说明信当中。如果撰写得当,这将会强调你的重点或者改变关注的重点,所以将该部分放到前面更有利。

第十六章

考虑私人基金会所资助的创新型研究

第十六章

老成持人进合西
各别而临风呼名

我们经常听到同事问："我们在哪里可以获得资助来支持那些更传统的联邦研究机构不予资助的创新工作？"有趣的是，现在这类研究可以向私人基金会寻求资助。美国的私人基金会已资助了数量可观的研究，例如，据估计，在2005年私人基金会提供了超过50亿美元的资助给科学、环境、技术以及医疗保健领域的研究者们。每年都会有越来越多的个人资产以慈善的名义流向私人基金会。大多数科研人员并不了解私人基金会的宗旨及其资助范畴，然而了解这些是很有必要的。私人基金会所资助的令人兴奋的开创性想法，尤其是那些"突破常规"的想法在逐年增长。

在第三章中所讨论的有效交流的基本原则——组织、强调、引导以及聚焦——适用于所有的项目申请书，也包括针对私人基金会的项目申请书。如果你能够遵循以下基本原则——了解你的受众、表达引人注目的观点以及证明自己从事研究的能力和实力，那么你的申请将会更加强而有力。要避免常见的弊病，例如没有揭示一般性的意义，没有将想法与具体的工作计划联系起来，忽视了重要信息或者陈述欠妥。事实上，由于私人基金会的项目申请书通常比联邦项目申请书要短得多，所以避免上述弊病就更为重要。有句俗语说："我没有时间写论文，于是我写了一本书。"然而，这种逻辑在大多数的私人基金会申请书中是不奏效的。

尽管向私人基金会提交的项目申请书与针对联邦机构的项目申请书大体相似，但是它们之间也有显著的区别。设计有效的私人基金会项目申请书是没有模板的，这是因为，各个私人基金会的使命与标准可能截然不同。我们希望您能积极地与您所在的高等教育机构中负责基金会事务的办公室联系，因为很多机会是稍纵即逝的。与私人基金会合作可能需要人际关系，然而这亦需要花费时日并且需要有远见。在你向私人基金会递交第一份项目申请书之前，你就应当将这些摆上议事日程。

私人基金会基础知识

私人基金会通常是由个人、家族或组织（例如具有特定目标和使命的团体）所组建的慈善机构。私人基金会控制着一笔捐赠的资金，这笔资金所产生的收入用于实现基金会的宗旨。在美国，国内税务署（Internal Revenue Service）将私人基金会定义为免税机构，但是法律规定，私人基金会每年需捐出一部分资金（目前为 5%）。私人基金会通常对所资助的课题、组织和个人有非常具体的规定。现今，戈登和贝蒂摩尔基金会、比尔和梅琳达·盖茨基金会、戴维和露西尔·帕卡德基金会、斯隆基金会和罗伯特·A.韦尔奇基金会是几个最大的资助来源，它们专门资助科学、医疗、技术以及环境研究等（参见以下表格）。

2005年度入选的私人基金会及其资助总额和排名

基金会名称	隶属州郡	资助金额 万美元	排名
戈登和贝蒂摩尔基金会	加利福尼亚	9200	48
比尔和梅琳达·盖茨基金会	华盛顿	9200	18
戴维和露西尔·帕卡德基金会	加利福尼亚	3600	25
斯隆基金会	纽约	3100	181
罗伯特·A.韦尔奇基金会	得克萨斯	2400	141

续表

基金会名称	隶属州郡	资助金额 万美元	排名
英特尔基金会	俄勒冈	1000	57
克斯纳·默多克慈善信托基金	华盛顿	600	49
研究公司	亚利桑那	500	107

信息来源：基金会中心

要记住，你不可能归纳所有的私人基金会，但是我们还是试图总结一下：

- 它们乐于资助创新，希望与众不同。
- 它们很少资助可以从联邦机构或州机构获得资助的项目。
- 它们不需要提供评审过程的详细情况，也不需要遵循同样的步骤来进行每年的资助。它们在迅速变革方面比联邦机构更加自由。
- 它们经常为特定目的而资助某些项目，然而这些在书面或网络文件中不可能尽述。
- 有些私人基金会的项目有明确的期限，而另一些则随时接受问询信件或是申请，有些则不接受主动问询。
- 有些私人基金会不会与个人或单一研究者项目直接进行合作，而有些则更愿意这么做。
- 项目申请书通常很短，有时采用书信的形式，所以具有说服力的撰写对于你的成功至关重要。
- 它们经常资助个人，因此你的声誉对于你能否申请成功可能起着决定性的作用。这也意味着，一份差劲的项目申请书可能不仅带来针对这件具体申请的否定，还可能影响你（或你所在的高等教育机构）日后的所有申请。要记得，有些私人基金会会长期保留记录。
- 在申请获批之前可能需要与基金会的人员会面，因此要花时间为讨论你的申请做好准备。

> ● 许多高等教育机构都对私人基金会的所有要求进行了整理，所以在你联系基金会之前可以先与你所在高等教育机构的相关人员讨论你的想法以及你所锁定的基金会。

你可以通过多种渠道找到特定的基金会，例如进行网络搜索，访问基金会中心（Foundation Center）的网站（www.foundation-center.org），或者在你所在的领域里同行所发表的文章的致谢部分寻找他们提及的私人基金会。然而这些信息可能不够详尽或不够及时。了解私人基金会的最好方式，就是与已获得私人基金会资助的同事，以及你所获资助项目的工作人员或私人基金会办公室的工作人员进行讨论。他们可以帮助你了解哪些私人基金会可能接受你的问询或者接受其他人员为你进行问询。

私人基金会与联邦资助机构有何不同？

与联邦机构一样，私人基金会通常资助非营利组织（包括学院和大学），偶尔也会资助个人或团体。但是，与联邦机构不同的是，私人基金会在甄选优先资助项目时会更加随意。这些优先资助项目可能会迅速改变，例如当新来的基金会主席或计划管理人员提出了新的目标和目的时。私人基金会也希望具有灵活性，以便资助它察觉到的那些不能获得其他来源之资助的团体、国家和国际的前沿研究。各私人基金会的选择标准和决策过程迥然不同。

私人基金会很少会提供其在项目申请书评审过程中的详细情况。有些基金会在其资助中不允许支付间接费用，而有些则同意有少量"管理费"开支。你应当就此问题与你所在的高等教育机构进行讨论，以明确在经费及间接费用调整方面的政策灵活性。少数高等教育机构不鼓励向私人基金会申请项目，因为间接费用可能较低，但是其他很多高等教育机构却很欢迎私人基金会资助，尽管不能或只能收取较低的间接费用。

私人基金会的资助所覆盖的事项或花销的种类也大不相同。例如，有些不支付研究人员薪水，而有些则支付。有些可支付差旅费、娱乐、生活花销和日常支出等。购买仪器、广告招聘、咨询以及计算的费用可能不被允许。一般而言，你需要向私人基金会说明你所申请的每一类花费都是合理的，理应被它们接受。

私人基金会常常要求将它们的钱用于影响后续的其他项目或花费。有很多种方式可以实现这个目的。你可以显示基金会的资助将使目前的项目拓展到一个完全不同的且有巨大回报的新层面。你还可以勾画出一个附加的项目，而这一项目将会是你或你所在的高等教育机构在从事所申请项目的研究中发展出来的。调整研究人员的薪水也很常见，在这种情况下，你所在的机构负责项目负责人的薪水，而私人基金会则支付其他的事项。

通常，私人基金会将资金注入到高等教育机构中以启动新项目，并期望该机构最终能够自己资助项目。这种情形须仔细考虑，因为私人基金会在其资助之前越来越多地要求高等教育机构对项目进行制度性承诺。我们再次强烈建议你在提交项目申请书之前与负责人进行讨论。这些承诺可包括配套资金、继续实施项目的书面保证以及实物服务(in-kind service)。你所在机构的基金管理负责人应当能够帮助你确定满足这些要求的最佳办法。

入　　手

花时间与资深同事或你所在单位的管理人员进行交流。尽可能多地获得有关你所在的机构及其与具体某个私人基金会之间关系的信息。通常,人们只有在已获得了那些更传统的资助机构的资助之后才会接触私人基金会。因此,常常是较资深的研究人员能获得私人基金会的资助(当然也有例外情况)。私人基金会的项目申请书通常要经过某种形式的评审过程——经常也是同行评议——但是与联邦机构的评审相比,这种评审的性质十分不明确或不透明。然而,尝试着获知你的基金会项目申请书的审阅者是谁是有帮助的(这一点与第一章中针对 NSF 类型项目申请书的建议相同)。对于私人基金会的项目申请书来说,不太可能(但有可能发生)的情况是你的审阅人由完全没有学术背景的人员组成。在你动笔之前你应当弄清楚这些。由于存在这些差异,尤其是当缺少透明度以及同行评议时,有些私人基金会的资助在你有意获得终身教职和晋升机会时可能不如联邦机构资助有价值。我们建议资历浅的申请人在花费大量时间准备项目申请书之前与资深的同事或教务长求教有关获得私人基金会资助的诀窍。还要记住,有露骨的政治议程或特殊预期成果的私人基金会可能在学术界中信誉不高。务必与同事讨论以确定私人基金会的声誉及其作为资助来源的适当性,要考虑这些对你职业定位的影响。

撰写向私人基金会提交之项目申请书的练习

练习七:(接第四、七和九章的练习。)最好的入手办法是咨询同事和管理人员以确定与你目标一致的私人基金会。另外,仔细阅读基金会的网站,关注接受资助的课题和项目、资助的规模以及被资助的地理范围。可能的话,阅读私人基金会的出版物以及年度报告。最后,在你递交项目申请书之前要联系私人基金会的负责人,但是如我们前面所强调的,在这之前先与你所在机构的私人基金会办公室取得联系。

练习八：针对你的工作进行一些设想；研究人员和私人基金会之间的配合很大程度上依赖于你用来介绍工作的方式。针对不同的私人基金会，你所在机构负责私人基金会的工作人员可以帮助你决定你的项目申请书中哪些需要强调或突出。有时，这意味着要以全新的方式来看待你的项目。例如，我们有的同事能够对同一件工作的不同方面进行强调，用于申请NSF、NIH以及美国心脏协会的资助。

大多数私人基金会资助几个大类的科学研究。考虑如何将你的工作置于这些主题中。要注意到即使这些大类也会随时间有所改变，所以务必收集每个私人基金会的最新信息来获知他们近期的焦点领域。

这里有四个一般性研究问题：

地区。很多私人基金会资助特定地区（例如，东北部各州、科罗拉多河流域、宾夕法尼亚州西部、内华达山脉以及索诺兰沙漠等地区）的经济或社会发展。

目标群体。这涉及较宽的范围，并且依据社会规划而不断有新的变化。例如，在某些年份可能倾向于大力资助中小学教育推广项目、少数民族的科学进步事业、年轻职员或者妇女中期职业生涯的发展。

课题。某些私人基金会有总体指导方针和关注焦点，如癌症、糖尿病、可持续发展、全球变化、贫困以及疾病等。

研究人员或水平。许多私人基金会项目专为资助那些展现出非凡潜力并在激烈竞争中脱颖而出的年轻研究者。在这样的情形中，通常由高等教育机构的代表来推荐研究者，更常见到的是高等教育机构只有在受邀后才能推荐候选人（一般每个高等教育机构有1到2个推荐人名额）。这样的资助通常由你所在机构的行政机关来公布，并列于被资助项目办公室的网页上。类似地，另外一些资助则特别倾向于给予那些国内和国际范围内的学科带头人。这样的项目通常标准非常严格，也正因为此，它们常常享有很高的声誉。

最后，要记住私人基金会的资助领域是不断变化的。你的选择和机会可能会逐年增加，所以我们希望你能够定期查看那些基金会的网站。我们还要强调的是，要对私人基金会及其工作人员表现出尊重，这样的长期人际关系是非常重要的，并且这与跟联邦机构的项目官员打交道完全不同。粗心大意或马虎会在今后长期影响获得私人基金会资助的机会。

第十七章

"团队科研"解决复杂问题

知识以及获取信息的途径正在爆炸式地增长——这种增长更加需要多学科的科学家团队来解决复杂的科学难题。过去认为，一个生物学家与一个化学家的合作就是交叉学科的合作。现在，科学家们的合作伙伴已经从自然科学、工程学的专家扩展到了社会科学甚至是人文科学的专家。

联邦机构以及私人基金会也促成了更多的多学科合作的项目，来解决诸如气候变化、癌症以及新出现的传染性疾病等社会问题。即使在不超出较传统的项目申请书评审小组的工作范畴中，研究者们也常常与其学科以外的同事合写项目申请书。对许多科学家而言，多学科研究——或者所谓"团队科研"——是非常振奋人心的。与来自完全不同领域的、使用不同术语与方法的学者一起工作可以使人不拘泥于成规。多学科合作正在不断地深入人心，并且将在本科生以及研究生教育中广泛推广。我们发现用这种方法解决问题非常有效，并且我们也鼓励我们的学生和同事在适当的时候这样做。

然而，撰写多个研究者共同完成的多学科研究项目申请书是具有挑战性的，并且它与传统的单一研究者、单一学科的项目申请书不同。架构具有说服力的多学科研究项目申请书需要特别的技巧，而并非只需提及研究团队中的一个主力成员。由于这类项目申请书的覆盖面较广，团队科研的成功项目申请书仰赖于有效的沟通以及严密的组织。问题越复杂，研究中各方面之间的联系就越多,参与的人员和研究机构也就越庞杂,而另一方面,个人表达自己想法的空间也就越小。每一个字都需仔细斟酌。每个项目都需要评估合理性。评审人的专家意见与工作中的具体情况则可能相去甚远。

对于一份多学科项目申请书而言,将完全不同的部分有机结合在一起并且强调其最大价值的醒目的框架是必要的。为了写出具有说服力的多学科项目申请书,我们在第三章中所提出的有效交流的第五个原则——统一——非常重要。你的评审人将会问:作为整体的研究是否比其中各部分分开进行更加有效?你需要说服他们,阐明你的问题需要一个团队共同进行研究,并且你的团队将会比个人或较小的团队更加有效和成功。因此,你不仅要注意申请书中的组织、强调、引导以及聚焦,而且还要强调内容的"统一"。

为什么要进行多学科研究

与来自不同团队的合作者一起工作会激发出复杂并且具有重大意义的问题,这包括由合作产生的新技术以及跨学科整合。这些工作产生的回报是丰厚的,但是所花费的时间以及资源也是可观的。在多学科研究项目中,将会有更多的人需要管理,将会有更复杂的财务和研究机构规则,你和合作者还需要考虑和摸索额外的研究细节。

美国国家科学院(NAS)已得出这样的结论:多学科思维已"迅速成为研究的基本方式"(NAS 2005)。NAS提出了推进该进程的四个要素:

- 自然与社会的内在复杂性
- 探索奥秘和问题的渴望已不局限于单一学科之内
- 解决社会问题的需要

- 新技术的力量

当然，这些要素同样是本书所讨论的优秀科研项目申请书的重要组成部分。多学科项目申请书同样具有我们已提到的一般项目申请书的绝大部分要素，所以本书大多数章节的内容也适用于合作型项目申请书。有些机构明确要求跨部门和跨学科的合作，有时还要求研究者向项目中增加"人文"因素或"科学"理念。如果你已经与不同的群体展开合作，那么你便是多学科项目申请书的理想候选人。

多学科项目申请书有多种类型，即使是一个作者的项目申请书在某种意义上也可以是多学科的。在本章中，我们主要讨论不同学科的若干研究人员（常常来自于不同的研究机构或者同一所大学的不同学院）合作完成的项目申请书。这些项目申请书与传统项目申请书的不同主要在于复杂性以及广度，并且它们通常拥有更大的预算，可能需要得到更长期的资助。在这里，我们主要关注由广度扩展以及管理复杂性所引起的问题。

多学科项目申请书的通常要求

在撰写多学科、多研究者以及团队科研项目申请书时应尤其注意几个重要方面：

- 篇幅和语言。多学科项目申请书通常与其他项目申请书具有相同的篇幅要求，然而其常常要涵盖更多的主题。因此，写作必须既简洁又精练，需仔细考虑每篇参考文献的必要性以及每一种方法和分析的必要细节的数量。流程图以及完善的时间表有助于表明各部分之间如何衔接。这类申请书甚至需要一个简洁扼要的标题，既能表达研究的广度但又不会使工作过分复杂化。
- 统一风格。除了具有广度，一份优秀的多学科项目申请书读来应如出自一人之手。平行的结构和一致的术语有助于统一风格以及强调合作研究的价值,也有助于评审人正确理解。这会带来额外的工作,但是如果可以使项目申请书变得简单、优雅、集中以及易于理解,这还是值得的。

- 研究机构和项目的规定。这样的项目申请书经常在准备预算、研究人员委任以及研究机构间的联系方面有着特别的规定。不同机构间的协调通常需要时间以及合作。即使合作者来自同一研究机构,也会因其内部各学院或各项目具有不同的间接费用比例或其他行政规定而导致麻烦。众多研究者之间的合作常常需要一些费用用于经费管理、建筑物整修以及延伸服务等等。显然,做计划是非常必要的。尽早了解越多的规定可以避免延误完成或提交项目申请书的时间。所有大型的以及大多数小型的研究机构都设有经费和合同办公室,其工作人员可以协助了解项目申请书的这些方面。项目负责人所在的研究机构通常承担最后提交项目申请书的协调工作。

- 人员管理。随着参与人数的增多,高效、透明的管理模式就显得愈加必要了。在很多情况下,研究人员来自不同的机构,因此更需要清楚地规定交流方式。正如第二章中所讨论的,明晰署名人、各研究人员的职责以及数据的获取和使用将会增加项目成功的可能性,同时也可以避免产生误会。

- 道德考虑。随着项目人员的增多及其联系变得错综复杂,要确保每个人都遵循所有规则(将在第十八章中讨论)就变得更困难了。项目负责人主要对项目的诚信度及其管理负责,然而项目的所有成员均应为此作出努力。透明、开放的决策会使项目运行得更加有效并且符合道德规范。

规模和复杂性带来的重大意义。先前就意义、目的以及总体目标的探讨中已强调了这些要素对于所有研究项目申请书获得成功的重要性。随着问题的复杂性增强或者研究人员规模扩大,这些要素也就一定对团队科研具有重大意义。将实际工作与总体目标挂钩是至关重要的。作为评审人,我们发现未能很好地处理这一问题是团队科研中常见的弊病。项目申请书所提出的问题是吸引人的,团队也是很精干的,然而其有机结合却常常被忽视。丢掉了这些,项目申请书是不可能成功的。

● 研究的一致性。多学科项目的每个组成部分均应看做是实现整个目标所必需的。最有效的项目申请书包括一个强调整个研究的主题、指出各部分之间联系的部分。这样的项目申请书常常在项目计划部分中包含一个明确整合工作的方案。有些资助机构需要一个协调项目的具体计划。

● 了解评审过程。美国国家科学院注意到,某些资助组织不愿意资助多学科研究,因为与通常的研究相比,多学科研究"具有风险而且管理起来比较复杂"。例如,常规的评审小组有可能不能胜任审阅多学科项目申请书的工作,因此评审小组的组建也很麻烦。评审多学科项目申请书的小组必须人员多样化,因为他们必须涵括广泛的研究领域。其结果就是很多甚至大多数评审人并不熟悉项目申请书中的每个领域。正如我们在上一章论及针对私人基金会的项目申请书时提到的,有些评审人甚至可能不是专家。因此,我们希望你在撰写项目申请书之前要完全了解评审委员会,并对项目申请书的不同章节进行完善以使不同类型的评审成员易于理解(例如,专家可以评估的方法,所有评审人都能理解的重要意义)。有策略地与评审小组负责人进行讨论对于了解评审过程可能非常有帮助。

入 门 练 习

其他章节的练习均适用于多学科项目申请书。接下来的练习旨在帮助你展开合作并且将研究统一于选定的项目中。

练习九：（接第四、七、九、十六章的练习。）多学科研究团队通常包括有经验的研究人员和新手。这就为新手在研究过程中获得指导提供了绝佳的机会。一种可选择的方式是，特别是对于资历浅的研究人员而言，他们可以询问资深同事是否知道任何此类机会。与自己组织一个项目相比，以合作PI或合作者的身份参与到一个经验丰富的研究者组织的大项目中则要容易得多。你也可以与负责学术的管理人员交谈，从而发现能够支持大项目和合作的内部项目。在申请试验性研究的内部资助之后再联合一批科学家撰写项目计划的做法并不少见。类似地，你可能希望在一个学术会议上或者在你所在的研究机构中组织一次专题讨论，从而把潜在的合作者集中起来对研究课题进行广泛的思索。这样的活动常常会带来更大的合作，并且这有益于建立令人兴奋的科学联系。

除了资助机构的投入以外，研究人员所在的机构通常也应该为大的多学科研究计划作出贡献。一开始就要明确资助机构是否对配套资金、成本分担、研究生薪金以及其他形式的实物资助有要求，同时也要向你所在的机构咨询这些问题。

练习十： 刚开始时，撰写一个能统一工作各部分的章节。这样的统一主题需要在项目申请书的所有章节中进行强调。其他的建议是：构建图表使这样的联系更加清楚；向不同领域的同行介绍项目申请书总体目标的显著意义,以确定该内容对于"非专家"来说也是有吸引力的;向同事询问标题是否能够体现广义的目的;务必使每一部分都以某种方式与主题直接相关;用小标题使各章节统一起来;在申请书中包含一个精确的计划来综合整个项目中的结果,这项工作不应等到整个研究完成时再进行。

第十八章

学术道德规范与科学研究

科学研究中假定每个参与者都是诚实的且值得信任（Macrina 2005）。因此，当你进行科学研究时，要对你的工作的诚信度负全部责任。如果你的研究接受了资助，你也应当对你所在的高等教育机构、科学界和资助机构负全部责任。如果你是实验室的管理者，你还要确保学生和同事也同样了解有关的规定和规范（Shrader-Frechette 1994）。

在本章中，我们指出几个与学术道德规范有关的问题，这些应当为所有参与科学研究的研究生、教员和研究人员所了解。我们希望你能够在职业生涯中就这个问题上一门课或者参加研讨班或阅读小组。大多数研究机构都设有或要求设这样的研究生课程，并且某些资助机构要求受资助者要完成这样的课程。

需要考虑的问题

当利用公共或私人的资助进行科学研究时，会引发很多科研道德问题。其中的一些问题，诸如正确的文献引用方法、想法的所有权、预算监管等，已在本书的其他章节中作过讨论。在本章中，我们主张，在五个主要方面必须贯彻学术道德标准。思考科研活动中的这些重要方面是有益的。我们自己的学生和同事乐于讨论这些问题，并且我们的项目也得益于在项目申请书撰写和执行的各阶段中的相关讨论。

提供正确的信用。当你撰写项目申请书时,或者当你在非正式场合或研讨会上向其他人讲述你的想法时,要承认他人所贡献的想法。恰当的做法是,承认你的项目申请书中的某些想法来自他人的工作。如前所述,建立信用或保持诚信可以避免许多更复杂的问题,如署名问题或者需要科研监管来保证数据的真实性。尽早的、经常性的以及公开的交流可以明显减少研究人员之间的争论。

<u>尊重受研究影响的人、动物、植物和环境</u>。今天,由联邦、州以及科研机构的规定来确保这一点的做法已变得很普遍。所有的学术机构都设有委员会例行审查与人和动物相关的研究。许多资助机构要求在经费申请书中提供关于喂养和照看动物的信息(参见第三章)。然而,即使你的研究与这些规定无关,你也要尽可能地避免你的研究行为产生不必要的影响。特别是刚开始进行研究的人员和研究生,与同事就此类问题进行讨论是很有必要的。

保持客观。尽管没有人一开始就想伪造数据,但科学不端行为还是存在,并且对科学界造成了很坏的影响。避免这个问题的最好办法是:保持客观,不要预先猜测你的结果,与其他人交流你对数据的分析和解释。例如,研究者会对某一实验结果深信不疑,以至于他/她忽略或拒绝其他相矛盾的结果。或者,研究人员会倾向于选择实施那些有利于得到特定结果的实验。对这些结果进行坦率的讨论可以使你的方法或结果尽可能客观。尽管科学家们有很多方法能确保研究的真实性(如同行评议、公开结果和数据),但与其在评审过程中被发现,还不如尽量避免这样的问题发生。通过分享你的想法和研究设计、鼓励和寻求批评并进行自我批评将会使你在整个研究生涯中保持客观。

合理使用经费。接受研究资助就意味着达成了将资金用于获准的研究中并按规定报告资金使用情况的协议。不同的资助机构对于将经费从一个预算类型移至另一个类型的规定是不同的。如果你的经费使用与获批的预算有所偏离,则你通常会被要求做出解释、说明,并要得到资助机构的批准。将经费用在非研究项目上或浪费性支出是严格禁止的。不论是有意的或是仅仅出于了解上的不足(辩称不了解是没有用的),财务上的不端行为都是不能容忍的,所以我们建议你与资助办公室保持密切联系,有不明确的问题要及时咨询。

<u>留意可能的利益冲突</u>。在你递交项目申请书之前,要找出与你所在高等教育机构的相关人员有关的任何利益冲突,或者任何看似是利益冲突的情况。利益冲突通常发生在个人利益与个人对于公众的权利和义务发生冲突时,这常常与工作相关。如果你个人的经济利益(股票、投资等)可能会从你所申请的研究成果中获益,你应当与你所在的机构中的合适人员讨论可能的利益冲突。当你与近亲、搭档或者与你有密切的私人关系或恋爱关系的人一同工作时,你应当向你的机构咨询恰当的通报途径。大多数高等教育机构都有非常实用的指南,并且可以帮助你避免与利益冲突有关的问题。

科研诚信

科研工作者进行科学研究时应当承诺如下事项:

- 在申请、从事和汇报研究中保证学术诚信
- 在撰写研究项目申请书以及之后的报告和发表中准确表述个人贡献
- 在学术交流中,包括口头的和书面的交流以及资源的使用上,遵循共享原则
- 保护人权、爱护动物并对环境负责
- 尊重研究人员及其研究团队的个人职责和集体职责

来源:修改自《科学研究中的诚信》,(美国)国家研究委员会(2002)第5页。

善于利用指导和他人的建议

我们强烈建议,当你有科学道德方面的疑问时,无论你是一年级的研究生或是资深的研究人员,最好的办法就是与你所在领域的同事和可信赖的指导人以及你所在机构里的负责这些事务的官员进行讨论。与你尊重的人讨论你可能碰到的困难,你就会尽可能地避免陷入困境。

参考文献

Bacchetti, R., and T. Ehrlich (eds.). 2007. Reconnecting Education and Foundations. Wiley, San Francisco.

Day, R. A., and B. Gastel. 2006. How to Write and Publish a Scientific Paper (6th ed.). Greenwood, Westport, Conn.

Glass, S. A. (ed.). 2000. Approaching Foundations. Jossey-Bass, San Francisco.

Hacker, D. 2003. A Writer's Reference (5th ed.). Bedford/St. Martin's, Boston.

Hartsook, R. F. 2002. Nobody Wants to Give Money Away! ASR Philanthropic, Wichita.

Locke, L. F., W. W. Spirduso, and S. J. Silverman. 2000. Proposals That Work (4th ed.) Sage, Thousand Oaks, Calif.

Longman, A. W. 1998. Author's Guide. Addison Wesley Longman, New York.

Lunsford, A. A. 2005. The Everyday Writer (3rd ed.) Bedford/St. Martin's, Boston.

Macrina, F. 2005. Scientific Integrity (3rd ed.). American Society for Microbiology, Washington, D. C.

Mathews, J. R., J. M. Bowen, and R. W. Matthews. 1996. Successful Scientific Writing. Cambridge University Press, Cambridge.

Mathews, J. R., J. M. Bowen, and R. W. Matthews. 2000. Successful Scientific Writing (2nd ed.). Cambridge University Press, Cambridge.

McCabe, L. L., and E. R. B. McCabe. 2000. How to Succeed in Academics. Academic, San Diego.

National Academy of Sciences. 2005. Facilitating Interdisciplinary Research. National Academy, Washington, D. C.

National Research Council. 2002. Integrity in Scientific Research. National Academy, Washington, D. C.

Ogden, T. E., and I. A. Goldberg. 2002. Research Proposals (3rd ed.). Academic, San Diego.

The Online Ethics Center for Engineering and Science at Case Western Reserve University. http: //online ethics. org/; viewed in 2006 and 2007.

Proctor, T. 2005. Creative Problem Solving for Managers (2nd ed.). Routledge, New York.

Reif-Lehrer, Liane. 2005. Grant Application Writer's Handbook (4th ed.). Jones and Barrlett, Sudbury, Mass.

Runco, M. A. 1994. Problem Finding, Problem Solving, and Creativity. Ablex, Norwood, N. J.

Shrader-Frechette, K. 1994. Ethics of Scientific Research. Rowman and Littlefield, Boston.

Wang, O. O. 2005. Guide to Effective Grant Writing. Springer, New York.

Ward, D. 2006. Writing Grant Proposals That Win (3rd ed.). Jones and Bartlett, Sudbury, Mass.

英汉译名对照表

Abstract. See Project summary 摘要，见项目摘要

Administrative tasks 管理工作

Audience, knowing your 读者，了解你的

Authorship: defining expectations; discussing in advance; giving credit; ownership of ideas, 署名：设定预期；就……提前讨论；赋予荣誉；想法所有权

Background material; as element of project description or research plan; including too much; limiting citations for; organizing; summarizing and finalizing 背景材料；"项目描述"和"研究计划"的一个主要内容；包含过多的；限制对……引用；组织；总结和定稿

Budget; cost sharing; example of; what to include 预算；费用分担；样本；包含范围

Co-investigator 共同研究者

Collaboration 合作

Collaborators, multidisciplinary 合作者；多学科

Conceptual framework, developing the, 概念性框架，构思

Conflicts of interest 利益冲突

Cost sharing 费用分担
Cover letter 说明信

Diagrams, use of 图表,使用

Electronic submissions 电子提交
Endowment 捐赠基金
Ethics: giving credit 道德规范;提供信誉
Exercises: for authorship; for developing your significance statement; for getting started; formultidisciplinary proposals; for writing introduction and background; writing methods section; for writing objectives, hypotheses, and specific aims; for writing project summary; for writing proposals to private foundations; for writing references; for writing titles 练习:署名;进行意义陈述;入门;多学科项目申请书;引言和背景写作方法部分写作;目的、假设和具体目标的写作;项目摘要写作;向私人基金会递交的项目申请书的写作;参考文献写作;标题写作

FastLane 快速通道
First author 第一作者
Foundations; basics of; different from federal funding agencies; getting started with; matching work with research themes of 基金会;基础;与联邦资助机构不同;入手;将工作置于研究主题中
Full Proposals 完整的项目申请书
Funneling, as a writing technique 引导,写作技巧

Getting started: exercises for; steps to 入门:练习;步骤

Human dimension 人文因素
Hypotheses; linking to significance; number of; testable; versus objectives 假设;与意义相联系;计入;可检测的;相对目标

Innovation 创新
Intellectual property rights 知识产权
Interdisciplinary research 跨学科研究
Internet. See World Wide Web 因特网,见万维网

Laboratory studies 实验研究
Longitudinal studies 纵向研究

Merit criteria 价值标准
Methods; proper citation of; writing the 方法;适当引用;写作
Models; empirical; example of; quantitative; role of; simulation 模型:实验性的;例子;数量;作用;模拟

Money, appropriate expenditure of 经费,合理使用

Multidisciplinary collaborators 多学科合作者

Multidisciplinary proposals 多学科项目申请书;要求

Multi-investigator projects 多个学者的项目

Nonprofit organizations 非营利组织

NSF, Grant Proposal Guide 美国国家科学基金会,经费申请指南

Objectives; versus hypotheses 目的;相对于假设

Objectivity 客观性

Organization of proposal 项目申请书的组织

Outputs from study 研究产出

Panel, review by 小组,评审

Paper submissions 纸版递交

Patents 专利

Pitfalls 易犯错误

Preliminary data 初步的数据

Principal investigator (PI) 项目负责人

Prior research 先前的研究

Program manager 计划主管

Project summary; examples of; versus a manuscript summary; writing a 项目摘要;例子;相对于原稿摘要;写作

Proposals: basic research; program initiated; rejection of; unsuccessful, 项目申请书:基础研究;计划发起型;拒绝;不成功的

References; accuracy of; common problems with; which to cite 参考文献;准确性;常见问题;引用什么

Rejection of proposal 项目申请书被拒绝

Request for Applications (RFA) 申请要求

Request for Proposals (RFP) 项目申请要求

Research, integrity in 科研,诚信

Research plan, organizing 研究计划,组织

Resubmission of proposal 再次递交项目申请书

Resubmission response 再次递交的答复

Results: expected; preliminary; from prior agency support; unexpected 成果:预期的;初步的;来自于以往机构资助;非预期的

Reviewers: ad hoc; comments by; for multidisciplinary research; suggesting; suggestions by 评审人:特定的;就……讨论;多学科研究;评论;评论

Review panel 评审小组

Review process 评审过程

Road map, providing a 路线图,提供

Significance 意义

Significance statement, writing a 意义陈述,写作

Specific aims 具体目标

Summary. See Project summary 摘要,见项目摘要

Team science 团队科研

Timeline; constructing; example of, 时间表;设立;例子

Title: components of; examples of; writing a, 标题:组成;例子;写作

Unifying, as a writing technique 统一,写作技巧

World Wide Web: examples of project summaries on; information on foundations; submitting budgets for proposals for federal agencies; summaries of funded grants from federal agencies 万维网:网上摘要范例;基金会信息;递交项目申请书的预算到联邦机构;联邦机构基金资助项目的摘要

北京大学出版社教育出版中心
部分重点图书

一、学术著作

北大高等教育文库·大学之忧丛书

大学之用（第五版）	[美]克拉克·克尔 著
废墟中的大学	[加拿大]比尔·雷丁斯 著
高等教育市场化的底线	[美]大卫·科伯 著

北大高等教育文库·大学之道丛书（第三辑）

哈佛通识教育红皮书	[美]哈佛大学通识教育委员会 编
知识社会中的大学	[英]杰勒德·德兰迪 著
高等教育的理念	[英]罗纳德·巴尼特 著
知识与金钱——研究型大学与市场的悖论	[美]罗杰·盖格 著
美国大学时代的学术自由	[美]沃特·梅兹格 著
高等教育何以为"高"——牛津导师制教学反思	[美]大卫·帕尔菲曼 编
美国高等教育通史	[美]亚瑟·科恩 著
现代大学及其不满	[英]希尔顿·罗斯波拉特 著
美国大学的崛起	[美]劳伦斯·维赛 著
印度理工学院的精英们	[印度]桑迪潘·德布 著

北大高等教育文库·大学之道丛书（第二辑）

一流大学 卓越校长：麻省理工学院与研究型大学的作用	[美]查尔斯·韦斯特 著
哈佛规则：为大学之魂而战	[美]理查德·布瑞德雷 著
学术部落及其领地：知识探索与学科文化	[英]托尼·比彻 保罗·特罗勒尔 著
美国大学之魂	[美]乔治·马斯登 著
大学理念重审：与纽曼对话	[美]雅罗斯拉夫·帕利坎 著
后现代大学？变革中的高等教育新图景	[英]安东尼·史密斯 弗兰克·韦伯斯特 编
高等教育的未来	[美]弗兰克·纽曼 著
德国古典大学观及其对中国的影响	陈洪捷 著
大学校长遴选：理念与实务	黄俊杰 主编
转变中的大学：传统、议题与前景	郭为藩 著

北大高等教育文库·大学之道丛书（第一辑）

学术资本主义	[美]希拉·斯劳特 拉里·L.莱斯利 著
美国公立大学的未来	[美]詹姆斯·杜德斯达等 著
大学的逻辑（增订版）	张维迎 著
东西象牙塔	孔宪铎 著

我的科大十年(增订版)	孔宪铎 著
什么是世界一流大学？	丁学良 著
21世纪的大学	[美]詹姆斯·杜德斯达 著
公司文化中的大学	[美]埃里克·古尔德 著
高等教育公司：营利性大学的兴起	[美]理查德·鲁克 著

北大高等教育文库·管理之道丛书

美国大学的治理	[美]罗纳德·G.埃伦伯格 主编
世界一流大学的管理之道	程 星 著
成功大学的管理之道	[英]迈克尔·夏托克 著

北京大学教育经济与管理丛书

教育投资收益—风险分析	马晓强
教育的信息功能与筛选功能	李峰亮
大学内部财政分化	郭 海

北京大学教育经济与政策研究丛书

中国高等教育入学机会的公平性研究	李文胜
走向公共教育——教育民营化的超越	文东茅

当代教育经济与法律丛书

美国教育法与判例	秦梦群
高等教育的经济分析与政策	[日]矢野真和

21世纪农村教育改革与发展丛书

农村义务教育经费保障新机制	邬志辉 主编
农村义务教育整体办学模式与评价	王景英 主编

古典教育与通识教育丛书

哈佛通识教育红皮书	[美]哈佛大学通识教育委员会 编
全球化时代的大学通识教育	黄俊杰 著
美国大学的通识教育：美国心灵的攀登	黄坤锦 著
苏格拉底之道	[美]罗纳德·格罗斯 著

高教论丛

大学国际化：理论与实践	中国高等教育学会引进国外智力工作分会 编
中国大学外部经济关系研究	王卓君 赵顺龙 陈同扬

相关精品图书

透视美国教育——21位旅美留美博士的体验与思考	王定华 主编
湖边琐语	王义遒 著
中国经济再崛起——国际比较的视野	丁学良 著
中国教育与人力资源发展报告 2005—2006	闵维方 主编
中国教育公平的理想与现实	杨东平 著
大学与学术	韩水法 著
大学何为	陈平原 著